厨房设计的 100 个亮点
100 bright ideas for KITCHENS

您的家——巧装巧饰设计丛书

厨房设计的100个亮点
100 bright ideas for KITCHENS

[英] 休·罗斯 著

郭志锋 译

中国建筑工业出版社

著作权合同登记图字：01－2005-2141号

图书在版编目（CIP）数据

厨房设计的100个亮点／（英）罗斯著；郭志锋译．—北京：中国建筑工业出版社，2005
（您的家——巧装巧饰设计丛书）
ISBN 7-112-07332-4

Ⅰ．厨... Ⅱ．①罗...②郭... Ⅲ．厨房-室内设计 Ⅳ．TU241

中国版本图书馆 CIP 数据核字（2005）第 032980 号

First published in 2002 under the title 100 bright ideas for KITCHENS by Hamlyn, an imprint of Octopus Publishing Group Ltd. 2-4 Heron Quays, Docklands, London E14 4JP
© 2002 Octopus Publishing Group Ltd.
The author has asserted her moral rights
All rights reserved
100 bright ideas for KITCHENS/Sue Rose

本书由英国 Hamlyn 出版社授权我社翻译、出版

责任编辑：戚琳琳
责任设计：郑秋菊
责任校对：关　健　王雪竹

您的家——巧装巧饰设计丛书
厨房设计的100个亮点
100 bright ideas for KITCHENS
　［英］休·罗斯　著
　　　　郭志锋　译
*
中国建筑工业出版社出版、发行（北京西郊百万庄）
新 华 书 店 经 销
深圳市彩美印刷有限公司印刷
*
开本：880×1230毫米　1/16　印张：8　字数：200千字
2006年4月第一版　2006年4月第一次印刷
定价：48.00元
ISBN 7-112-07332-4
　　　(13286)

版权所有　翻印必究
如有印装质量问题，可寄本社退换
（邮政编码 100037）
本社网址：http://www.china-abp.com.cn
网上书店：http://www.china-building.com.cn

目　录

6	简介
12	新鲜与现代
36	富有乡村气息的厨房
62	圆滑与别致
82	五彩缤纷的厨房
106	Shaker 风格
126	索引

简　介

厨房是你居室中最重要的房间之一。无论是你在品味咖啡，还是在烧三道菜作为晚餐的时候，设计先进、时尚漂亮的厨房能使你心情愉悦和放松。不过，在通常情况下，我们的厨房往往看起来是千篇一律的。本书将首先教会你如何将你的厨房装扮成你最喜欢的风格，然后教会你如何运用100多个小技巧和设计方法来个性化你的厨房。

亮点
本书中的每一章都分为以下四个部分。

一日之举
要求一些基本的DIY（亲自动手制作）技术，项目可以在一日内完成。

快速制作
即兴创意，易于操作，用时不会超过一个上午。

妙点子长廊
汇集了众多灵感，只需合理的采购和最后的布置就能马上焕然一新。

效果欣赏
整体的装饰设计能使你进行再创作，并适合你的个人风格。附有获得理想效果的一些关键技巧。

本书使用的一些符号注释
扫一眼图标就可看出项目将要耗费的时间和它的难易程度。

时间沙漏　告诉你项目将需要多长时间

技能水平　告诉你项目的难易程度

1 天

你需要准备
- 卷尺
- 手锯
- 1cm厚的松木板条

简单

中等难度

难度较大

为你的厨房制定计划

第一步是设计出最适合你的布局——在这一步上决不能走马观花。

1 按一定比例在方格纸上绘出你厨房的平面尺寸图，在门窗的位置上作标记，在很多情况下，为了使布局变得更好，甚至有可能移动它们的位置，但如果你愿意的话，因地制宜会更省事更实惠。

2 从炉具、微波炉到洗碗机、食品柜、扫帚柜、食品加工器、饭桌等等，把你希望放在厨房中的所有东西列成一张表，按照它们的重要性进行重新排列。可能出现的情况是，你无法为所有东西找到合适的位置。在每样东西旁边写上你中意的尺寸或规格——组合柜炉、嵌入式双水槽、滴水架，冰箱要低矮的还是高大的？在某些选择上，也许你可以妥协，但有些选择对你来说可能是十分重要的。

3 按照一定的比例在另一张方格纸上绘出每个元素，将它们剪下来并贴上标签。选出最终需要的元素——通常会是炉具、电冰箱和水槽，先安排它们的位置。

4 计算出你需要多大的碗橱空间，这是你计划中最方便修改的部分。转盘式角橱最省空间，拉出式组合件意味着你的食品柜可以既高且瘦，而且与一般的地柜相比，抽屉装的盘子要多得多。狭窄的架子可以用在无法放墙柜的地方，挂杆意味着你无需太多的抽屉。

▲ 根据你的需要，制定你的厨房家具组合计划。角橱大多要考虑采用大号的盘子抽屉和转盘式组件，并考虑选用拉出式储物架，以节省每一寸空间。

寻找合适的外观

当你的厨房计划制定好以后，就可以考虑你所钟爱的外观了。本书提供了五种风格来激发你的灵感——新鲜与现代、富有乡村气息的厨房、圆滑与别致、五彩缤纷的厨房和Shaker风格。当你选择一些设计并将其风格赋予你现在的厨房时，你将需要寻找所有必需的元素。往往只是换一下门把手和换一种壁漆就可以使你的厨房变得漂亮起来。

寻找你的风格

你的厨房要表现出你的品味，和其他任何房间一样充满你的个性。任何一种风格都可以化为多种配料——创造那种外观的"烹饪法"。当你努力重塑某种效果时，要习惯于瞅着房间，分析它的各个组成元素，瞧瞧它们的材料、风格和色彩，看它们是否能互相融合在一起，或是为了突出效果而形成对比。厨房的主要元素将是风格、材料、色彩、墙壁和地板。然而，点睛之笔是赋予厨房鲜明特点的设计。门把手、窗户装饰、瓷砖和织物图案都要与众不同，尽管非装饰性元素——你一直展示出来的炊具、水槽、平底锅、罐子、杯子和器皿同等重要。

1 **新鲜与现代**：明亮、通风、舒适，现代厨房洋溢着整齐的线条而又招人喜爱。

2 **富有乡村气息的厨房**：利用天然材料、户外线索、巨大的烹饪、烘烤空间和设备营造出一种朴素的感觉。

3 **圆滑与别致**：视时尚为一切的都市人的最佳选择。光泽柔和的镀铬和高科技材料结合在一起可以创造出真正的21世纪外观。

4 **五彩缤纷的厨房**：在与你一样富有个性的厨房中，使用大胆的颜色和活泼的风格来体现你自己的性格。

5 **Shaker风格**：永远的经典，Shaker厨房之美在于它的纯粹，将带有手工修饰的文雅的简单性与和天然材料融合在了一起。

引入色彩

对厨房来说，不存在色彩规则，只需考虑你所想创造的基调：宁静、平淡或热情、奔放。光线和明亮的色调可以使你觉得空间更大，但不要仅考虑纯白色，天蓝和苹果绿都可以创造出同样的效果并且更令人振奋。甚至在小厨房里，鲜明的深色，例如焦橙色或深蓝色，看起来都十分漂亮。

1 **颜色大爆炸**：颜色靓丽的家具组合和颜色鲜艳的墙壁将使厨房看上去生动而充满活力。

2 **运用元素**：墙壁采用明亮的紫红色使相对较小的厨房看起来更惹人喜爱。

3 **经常使用装饰物**：不要忘了，色彩不一定总要在墙壁和家具上——选择色彩明亮的椅子、陶器和花卉可以使朴素的厨房明亮起来。

提示与技巧

下面是本书涉及的项目中用到的一些材料和DIY技巧的快速参考导引。

MDF 板

MDF 板（中密度纤维板）是木质纤维经过挤压后制成的致密板材。通常切割 MDF 板时应戴上防尘面具，因为长时间吸入粉尘对人体有害。

底漆

MDF 板在刷涂料之前一般要先上底漆。这一步类似于给木材上内涂层，可以防止在上涂料时太多涂料被吸入 MDF 板内部。先给木料上底漆再喷涂料，通常会产生很好的效果，但是当你只为一小块木料上涂料时也可以不必那样做。如果你要给未经处理的松板刷涂料，那么首先要用节疤涂饰法封上木材上所有的节疤，防止树脂透过涂料层流出来，确保涂料平整地粘在木材上。

涂料

乳胶涂料是水基的，使用方便，且易干，漆刷也便于清洗。它特别适合漆墙面。油基涂料更坚硬，也防潮，但它的使用需要较高的技巧，风干后要么光泽鲜艳，要么需要进行抛光处理。

清漆

为了保护装修面，比如有吸收能力的表面或者水质乳胶漆表面，可用清漆来提供一层"耐穿的外衣"。经常使用的清漆不止一种，理想的清漆是清澈无光的，有时对于木料需要特殊的清漆。

丙烯酸清漆通常是无光的，而聚氨酯清漆则能创造出坚硬闪光的效果。

工具

打孔机是一件必不可少的DIY工具。大多数打孔机都有一套尺寸和用途不同的钻头。要根据你将要使用的螺钉的大小来调换钻头。当你在墙上钻孔时，要使用砖石钻头，它可以穿透坚硬的墙面。把墙塞插入钻好的孔中，然后把螺钉拧入墙塞。在木料上钻孔时，钻的孔要比螺钉稍小一点儿，这样螺钉在进入木料时才能紧紧咬住木料。在木料上用螺钉时，是不需要用墙塞的。

镶板锯是锯木料或 MDF 板的理想工具。为了把更小的板材锯成某种形状，最好有一把手锯。带灯的工作凳可以使你的工作变得更方便。

新鲜与现代

现代厨房是为现代生活风格所设计的，其整齐的线条可以确保不会浪费任何空间，并且易于保持表面材料的完好无损。它无疑没有任何多余，但又不是不加任何修饰的。亮丽的颜色和热情奔放的木料受到青睐，抛光钢材不仅实用而且也非常时尚，无论是你在烹饪还是在闲聊，所有这一切给你提供了一片很棒的天地。

如果你是一位喜欢在周末奉上传统家庭膳食，但在工作日又需要可口的快餐作为晚餐的"现代厨师"，那么这种风格就是你的最佳选择。你的微波炉不会放在不该放的地方，一切东西都放在你拿取方便的地方。要实现这种外观并不难，让基本餐具各归其位也不难，所有你需要的只是质地良好的不锈钢盘子、烤箱和锅、敦实的玻璃碗和储藏罐，还有经典的白色陶瓷器皿。

一日之举

可移动式早餐桌

为简单、狭长的桌子装上小脚轮,即使是在一间很小的厨房里,你也可以创造出一小块儿进餐空间。

1 用砂纸轻轻地擦拭桌子表面和边缘,再用湿布擦干净,然后上一层底漆,等待风干。

2 用砂纸轻轻地擦拭,确保表面光滑平整,然后上一层银色喷漆,待彻底风干后上第二层。如果桌子的小脚轮不是钢制或镀铬的,您可以给它们也喷上漆,形成一致的效果。一旦桌案干透了,上一层无光泽清漆以保护表面,然后风干一夜。

3 把桌子颠倒过来,把小脚轮放在每个桌腿底面,用铅笔在螺钉的位置上打上标记,在打好的记号上钻孔,然后把小脚轮钉在每个桌子腿上。

2 小时
外加干燥时间

你需要准备
- 桌子
- 砂纸
- 布
- 三合一底漆和内涂层
- 漆刷
- 银色金属性喷漆
- 无光泽清漆
- 带制动装置的 4 个 50mm 小脚轮
- 铅笔
- 带 2mm 钻头的打孔机
- 16 个 25mm 的木材用螺钉
- 螺钉旋具

带山毛榉木效果的厨房家具

不需几卷背胶自粘塑胶和几个新把手，就可以让普普通通的厨房柜门焕然一新。

1 去掉把手，将柜门从橱柜上拆下来。测量柜门的正面尺寸，背胶自粘塑胶的尺寸要比柜门大一圈，以盖住边缘。在要安装新把手的位置上作标记，然后按照标记钻孔。

2 按照测得的尺寸剪下塑胶，将其反面朝上放在平整的表面上，把柜门反着准确地放在塑胶的正中央。用美工刀的刀背，即刀刃的钝边，沿柜门一圈作上标记。

3 把柜门翻过来放在地板上，将塑胶的背衬从上至下揭起1/3，按照前面用刀刃作好的标记，把揭掉背衬的塑胶粘在柜门上，用一块软布轻轻地抚平，再揭起一些塑胶背衬，粘在柜门上，用布抚平，就这样一直将塑胶用尽。把四周多出的塑胶折到边缘上，用力抚平。在每个角上剪去一个V字形，这样折叠起来以后会比较整齐。

1 小时
每扇门

你需要准备

- 螺钉旋具
- 卷尺
- 铅笔
- 每扇门一个铬合金把手
- 打孔机
- 具有木质效果的背胶自粘塑胶
- 美工刀和直尺
- 软布

4 用铅笔在把手的安装位置上作上标记，钻透塑胶，最后把新把手装上去。

新鲜与现代　15

一日之举

彩色花砖防溅板

为你的防溅板贴上瓷砖,以保护水槽和炉具,同时又为你的厨房带来新的色彩,这很容易做到。

 0.5 天

你需要准备
- 瓷砖
- 毡笔
- 500mm × 25mm 木制板条
- 水平仪
- 几个砖石钉子
- 锤子
- 卷尺
- 瓷砖胶粘剂和涂胶器
- 瓷砖隔片
- 海绵
- 瓷砖切割机
- 防水薄泥浆和涂抹器
- 布
- 通用密封剂

1 在窗户下方的中央位置上贴一块瓷砖,与窗户下沿齐平。沿瓷砖下沿划一道横线标记。

2 在墙上钉上一道板条,它的上沿必须沿着作好的线条标记,用水平仪检查是否平直。从窗户边缘测量出两块瓷砖的宽度,留出灌浆的缝隙,划一道竖线标记,沿这条竖线向上再钉一块板条,用水平仪检查是否垂直。

3 在板条包围区域内涂上大约四块瓷砖面积的胶粘剂。用涂抹器的凹口端在胶粘剂上划出一些隆起的线条来。

4 把瓷砖轻轻地压在墙壁上,直到胶粘剂从瓷砖四周挤出来。检查瓷砖是否平贴在墙壁上,在每个角

上插入瓷砖隔片。

5 沿窗台贴上瓷砖，盖住砖面墙。擦去多余的胶粘剂。

6 贴上所有整块瓷砖，待风干后去掉板条。把瓷砖

切整齐，固定到位。

7 给贴上瓷砖的地方打上薄泥浆，多余的用海绵擦掉，然后等待风干。

8 用密封剂堵上台面和瓷砖之间的缝隙。

方便的工作站

把两张咖啡桌摞起来，变成一辆必不可少的厨房小推车，它可以为你提供额外的工作和储物空间。

1 给两张咖啡桌都涂上两层蛋壳色油漆后风干。

2 把一张桌子放在另一张上边，上下桌子对齐。把托架角铁放在下方桌子的桌面上（每个桌腿的内拐角上放一个，也就是每个桌腿上放两个），在下方桌面和上方桌子腿上找到螺钉的位置，打上标记，然后在标记上钻孔。

3 用螺钉把托架钉在上面的桌子腿上，对准标记，把上方桌子放在下方桌子上，然后用螺钉把托架钉在下方桌面上。

4 在上面桌子的侧缘用螺钉固定上横杆，用螺钉在每个桌子腿的底部装上一个小脚轮。

> **2 小时**
> 外加干燥时间
>
> **你需要准备**
> - 两张相同的矮桌子
> - 漆刷
> - 蛋壳色油漆
> - 铅笔
> - 8个带螺钉的托架角铁
> - 打孔机
> - 螺钉旋具
> - 比桌宽稍短的铬合金横杆
> - 4个小脚轮

新鲜与现代

> 快速制作

美术设计

黑白图片

- 给黑白图片装上边框,这样可以为你的厨房带来简约的风格。在烹饪书中找出一些水果或蔬菜图片,你可以把它们放大成黑白的,甚至可以自己拍一些照片都行。然后,就只剩下裁剪、装框和挂起来了。或者,把这些装了框的图片一字排列在架子上,好像画在那儿一样。

10 分钟

你需要准备
- 用来拷贝的图片
- 美工刀和直尺
- 切削垫子
- 带夹子的画框

带树叶花纹的桌布

- 如果桌布是新的,先洗净、晾干和熨平,朝上铺在平整、坚硬的表面上。在一张纸上画出你的设计草图,然后在桌布上找出印花位置,轻轻地作上标记。选择颜色稍有不同的布漆,各取少许倒入一个浅碟中,轻轻地搅匀。把油漆涂在滚筒上,然后涂在印花上。(如果你以前从未在布上用过印花,就先在另一块布上练习一下。)把印花压在桌布上,在每次压印之前都要重新涂上油漆。重复多次,用印花覆盖整个桌布。最后,按照生产商的说明进行修整。

30 分钟

你需要准备
- 桌布
- 纸张
- 铅笔
- 用两种绿色调配的布漆
- 浅碟
- 小型印花滚筒
- 树叶印花
- 备用织物(若需要)

设计师餐具

- 在纸上反复推敲你的设计,直到你满意为止。手工完成的几何设计看起来效果好,而且容易完成。在开始之前,你首先要确认陶器干净而且干燥。在你的设计上喷上漆,风干。有些陶瓷涂料需要将陶器放在烤箱里烘烤——按照制造商的说明——以后才能固定住。

10 分钟

你需要准备
- 普通的白色陶器
- 纸张
- 铅笔
- 陶瓷涂料
- 漆刷

带树叶花纹的瓷砖

- 完全清洗瓷砖,并用石油溶剂油擦去所有残留的油渍。在陶制瓷砖花纹背面涂上胶水后,把它们压在瓷砖上,按住几秒钟就可以粘住了,待完全风干之后再清洗一次。如果你用的是石膏花纹,那么你可以先在花纹正面和边缘涂上蛋壳色涂料,待风干后再粘在瓷砖上。

10 分钟

你需要准备
- 布
- 石油溶剂油
- 陶制瓷砖花纹
- 通用强力胶粘剂

新鲜与现代 **19**

快速制作

时尚的储物架

记事板

- 用木胶把松木板条粘在MDF的背面并用板夹固定住。刷一层乳化涂料，然后装两排螺旋钩，在每个钩子上挂一个大夹子，用来夹一些记事卡片、钥匙等。把带金属环的螺钉钉在板条背面，系上挂图片用的金属丝，然后把记事板挂在墙上。

 30 分钟 外加干燥时间

你需要准备
- 木胶
- 5块长宽为450mm×92mm、厚16mm的平整松板
- 长宽为45mm×46mm、厚6mm的MDF
- 板夹
- 乳化涂料
- 螺旋钩
- 大夹子
- 带金属环的螺钉
- 挂图片用的金属线

毛玻璃瓶

- 在你动手前，先确认瓶子是干净和干燥的。剪下一长条塑料胶带，长度比瓶子侧面高度稍短。剪下大小相等的一小片纸，写下你要蚀刻在瓶子上的字。用胶带把纸粘在切削垫子上，用美工刀把字母掏空。去掉垫子，把胶带平贴在瓶子上。给瓶子喷上几层玻璃蚀刻剂，每层之间要先风干。最后，揭掉胶带，字母就露出来了。

 3 分钟 外加干燥时间

你需要准备
- 普通玻璃瓶
- 透明塑料胶带
- 纸张
- 美工刀和直尺
- 切削垫子
- 铅笔
- 胶带
- 玻璃蚀刻剂

方便的杯钩

- 在你要装挂钩的地方打上标记,间隔要均匀。如果是木料,用螺钉就行了,但如果你的家具是密胺树脂的,那么你先要钻孔,然后再钉钉子。在要打孔的地方贴上遮护胶带,这样可以防止钻头打滑。

15 分钟

你需要准备
- 杯钩
- 铅笔
- 低黏度遮护胶带
- 打孔机

实用的箱式储物架

- 把储物架举到你想要的高度,检查是否水平,并用铅笔在箱子顶端和底端作上标记。放下储物架,在钉螺钉的位置上作标记(这将取决于箱式储物架的类型怎样才能与墙壁搭配合适)。为了防止钻孔太深,拿螺钉和钻头对比一下,在钻头上缠上一段遮护胶带用来标记螺钉的长度。钻孔并插入墙塞,把储物架举到墙上,并用螺钉固定到位。

45 分钟

你需要准备
- 箱式储物架
- 水平仪
- 铅笔
- 35mm 螺钉(或储物架自带的)
- 打孔机
- 遮护胶带
- 墙塞
- 螺钉旋具

快速制作

保持简洁性

最简单的长条桌布

- 把茶巾铺平,反面朝上,用夹子把两个短边夹起来就变成一块长条桌布。把短边缝在一起,尽量缝得平整,完全压平,铺在桌子上。

20 分钟

你需要准备
- 3张白色波浪茶巾
- 夹子
- 针或缝纫机和线

简短的罗马窗帘

- 在茶巾上缝几排窗帘环,每排3个,中间1个,两边各1个,三个环连成的线一定要与茶巾垂直。按照茶巾的宽度切一段板条,用装潢大头钉把茶巾的顶端固定在板条上沿上。在板条下缘上钉三个金属环,分别和三列窗帘环对齐。用螺钉把板条固定在窗户上方。剪3段绳子,长度都是茶巾长度的3倍。把绳子的一端绑在最下边的一个环上,穿过上方的两个环,一直到达板条下缘的金属环上。以同样的方法,穿上其他两根绳子。在旁边适当的高度上安装一个系绳栓,拽下绳子就可以升起帘子了。

1 小时

你需要准备
- 茶巾
- 9个窗帘环
- 针线
- 板条
- 小锯
- 装潢大头针
- 锤子
- 3个金属环
- 打孔机
- 螺钉
- 螺钉旋具
- 结实的细绳
- 系绳栓

厨房插钉板

- 按照你想要的大小,裁下一块插钉板。稳靠在墙壁上,查看是否水平,选择适当的间距,用铅笔在整块板子上要打孔的地方作标记。放下板子,钻孔,然后插上墙塞。重新把板子贴在墙上,并用螺钉固定。把杯钩垂直插入板子,每排钩子相互错开,然后挂上钥匙、眼镜、剪刀、夹便笺的大夹子,还有其他任何方便挂在插钉板上的东西。

30 分钟

你需要准备
- 插钉板
- 锯
- 水平仪
- 铅笔
- 打孔机
- 墙塞
- 杯钩
- 螺钉
- 螺钉旋具

雪白而明亮

- 刷一层新漆所带来的与众不同的效果是令人惊讶的。改变颜色后,你会发现你的厨房将变得更透亮。用糖皂把墙壁彻底清洗一遍,仔细检查整块墙壁,用填料把所有缺口、小孔和裂缝都补上。待墙壁风干后,用砂纸擦拭,并擦平墙上的所有其他突起。再用糖皂清洗一遍墙壁,风干。先用漆刷给木制家具、顶棚和拐角处刷上涂料,然后再用涂料垫和滚筒为其他大块的地方刷上涂料。风干后,再上一层涂料。

0.5 天
外加干燥时间

你需要准备
- 糖皂
- 海绵
- 墙壁填料
- 砂纸
- 白色乳剂
- 漆刷
- 涂料垫或滚筒
- 漆盆

新鲜与现代

妙点子长廊

金属的魅力

现在，从明晃晃的铬合金到闪亮的钢制品，大量的厨房设备采用了各式各样的金属制品。它们很适合现代厨房，并且无需用设计师的大名来炫耀它们的时髦。

▼ 滴水架再大也不够用，所以找一个双层滴水架，它占用空间小，甚至可以挂在墙上。

▲ 把淋浴杆做成挂杆，可以挂各种厨房小用具，您要做的只是加上一些S形钩。

▲ 随地像变戏法一样支起一张桌子和一把椅子就可以用来进餐。

▲ 像这样的橱柜用来放调料或瓶子是再好不过了，而且装在哪儿都行。

▲ 抛光铝制品看起来的确不错：它比闪亮的镀铬表面更容易保持清洁，而且反射光线可以照亮整个厨房。

▲ 不用把难闻的垃圾桶藏在壁橱里，而是选用漂亮而时尚的铝质垃圾桶，它单凭自己的外表就可以成为一道亮丽的风景。

妙点子长廊

节省空间的家具

在设计储物空间时，这项技巧将能帮助你最好地利用空间——太多的高大橱柜只能是浪费空间。如果你为此而烦恼，那么你可以在橱柜门内侧挂上钢丝架或按照下面这些绝妙的点子来做，就可以创造更多的储物空间。

▲ 熨烫工作站是放熨斗和熨衣板的好地方。旁边装几个挂钩，可用来挂袋子，还可以挂几个衣架来挂烫好的衣服，这样您的熨烫管理平台就更完整了。

▼ 在一间小厨房里，敞开式货架可以比传统橱柜更好地利用空间，并且使墙壁颜色看起来更漂亮。

▲ 选用边缘可向下折叠的桌子和可以放到桌子下面的凳子，这样可以省下很多空间。

▲ 像这种在车库中使用的壁架，可以创造出更多的储物空间。把它们装在墙上，并加上一些S形挂钩和篮子，就可以放餐具、器皿和瓶子了。

▲ 这样的套叠架是橱柜的绝配，您可以装配得多一些，这样可以更容易拿到最下面的盘子。

▲ 在家具的所有空隙之间放上可以随意调节尺寸的架子，甚至很小的架子都可以用来放瓶子、菜谱等等。

点睛之笔

有时候，最简单的办法也许会成为一处景观的点睛之笔，不管它是桌面摆设还是储物设计。天然质地的对比和天然色彩的巧妙搭配可以带来不俗的效果。

▲ 为烹饪配料挑选相配的瓶子或罐子，它们看起来很漂亮，完全可以一直陈列在那里，还可以腾出橱柜空间，也使你更容易找到所需的东西。

▼ 在墙角处放几只用茅草编织的篮子，可以用来装蔬菜，像土豆和洋葱，还有桌布。

▲ 挑选长而宽的草叶，洗净后用茶布裹住擦干，然后用它们把餐具绑起来，用这种方法布置桌子既简单又时尚。

▲ 像这样灵巧的饮料分配器是泡沫饮料爱好者的必选品，它可以防止饮料罐在冰箱里到处乱滚。

▲ 把厨房的一处摆设打扮得别具一格。把餐巾纸卷起来，再用细绳或丝线系住，在绳子下边插一片树叶用来装饰。你可以选择飘逸着芬芳的树叶，像天竺葵、熏衣草或迷迭香的嫩枝也行。

▲ 毛玻璃瓶和水杯，再加上一个装有各色饮料吸管的瓶子，可以给你的厨房带来质感。

✓ 效果欣赏

蓝色与白色带来的优雅

用普通白色组合家具与暖色木料搭配，可以创造出现代经典。

实现这种视觉效果的关键是一切从简——鸭蛋蓝颜色的墙壁，深蓝色卷帘构成了显眼的颜色区域，灰白墙壁看起来并不俗气和沉重，而是平添了温馨的感觉，但是赋予厨房生气的还是占统治地位的白色。

柜门是平面的，没有带框，这种"搁上去的"柜门形成了整齐、现代的流行线条。为了避免看上去过于刻板，在柜门的边缘上贴上饰面木皮，形成了巧妙的"边框"。厨房台面是用坚硬木料制成的，地板的图案设计与其保持一致，尽管实际上它是竹子的，根本不是木质的，但这种材料十分适合现代厨房，因为它比木料更防潮。防溅板上的长方形瓷砖排列得像砖墙一样——你可以用白色的光泽涂料把裸露的砖墙涂成一样的效果。

还可以有哪些改进？

- 突出红色或苹果绿
- 墙壁裸露
- 石头台面和地板

▲ 你一定要挑选带有光滑薄板的柜门，就像图中展示的这种，因为它们比较容易保持崭新的状态。

▲ 传统切肉砧板的现代版本提供了额外的储物空间，这一点很吸引人，还提供了一个移动式工作台。

▲ 现代厨房反对杂乱的摆设，把餐具整整齐齐地排列在这种架子上是十分宜人的。

效果欣赏

精巧而富有流线

与众不同的墙壁家具布置使几乎单色的设计变得非同反响。

使用很单一的颜色是创造巧妙、和谐的厨房外观的一种简易方法,但是你必须注意,最后厨房不能看上去太空洞。这里展示的壁橱排列得错落有致,成为房间中一个迷人的亮点。既短又宽的家具组合与摆放空间相互转换,与炉架上方两侧既高又瘦的家具组合形成了很好的对比效果,看上去远不像壁橱的连续线条那样刻板。

这间厨房中的一切都沉浸在不同色度的灰蓝色中,获得这种效果的窍门是利用同一种颜色的不同色度创造出一种分层外观,显得既深遂又吸引人。柜门用最深的颜色,远处墙壁的颜色稍浅一些,背墙上的颜色更浅一些。撑起或隔开它们的是带有山毛榉木纹的门把手、台面、底座和镶板。为了产生流线效果,台面背后的防溅板要采用不锈钢板,并添加一些蓝色或用镀铬薄钢板制成的配套用具。

还可以有哪些改进?

- 灰绿色分层
- 带有山毛榉木效果的地板
- 擦亮的钢制把手

▲ 把柜门边缘包装成山毛榉木效果,产生一种新奇的几何效果。

▲ 在这间一切都如此简单的厨房中,不锈钢和镀铬钢板是非常重要的元素。不锈钢水槽和大方的滴水架成为一个重要的特点。

▲ 留出一些摆放空间,尽管这样会牺牲一些储物空间。确定你摆出来的是那些常用的东西,那样就可以确保它们不会积累油渍和灰尘。

新鲜与现代

效果欣赏

▲ 这些柜门具有细长的边框,仿效了Shaker设计,但最显眼的是现代金属把手。

▲ 巨大的男仆式水槽受到了乡村厨房的启发,但是其简单的线条在这种现代摆设中并不显得别扭。

▲ 传统的流线型风格代表着高科技电器,比如为厨房购置这样一台不锈钢炉具。

新旧搭配

用过时的魅力饰品和整齐的现代线条来装扮你的厨房。

把传统厨房和现代厨房的元素混合起来可以同时带给你两个世界的精华。这间厨房到处使用了不同的工作台——用来分割食品的工作台是木料的,炉具两边放热菜的工作台是花岗石的。

炉具上方安装了比较短的壁橱,这样就为使用炉具腾出空间,两旁留出的缝隙可用来放菜谱。与一排相同的壁橱相比,这种简单的细节为厨房带来更多的趣味。

所有的色彩都来自鲜艳的黄色家具。赋予厨房现代性的关键是一切都务必平平常常:灰白色墙壁,甚至连防溅板都没有,地板是裸露的,窗户上没有帘子,它们一起形成了整齐宽敞、温馨宜人的外观。

还可以有哪些改进?

- 石灰石瓷砖防溅板
- 石灰石地板
- 灰绿色家具组合
- 柚木或大绿柄桑木台面

富有乡村气息的厨房

乡村厨房必须看上去好像已经使用了数年。其中的关键元素是坚硬、细腻的木制柜门,涂了漆的或裸露着的天然石头(或看上去像石头的)地板,柜炉和深到可以洗大砂锅菜盘的水槽。真正的乡村厨房是完全不用装修的,但是现代风格可以让你把经过装修的厨房空间、卫生优势和敞开式货架、玻璃橱柜结合起来,从而保留乡村厨房的外观。

如果你觉得家里有点儿乱,那么这就是最好的整理方式,而且十分实用。乡村厨房不是把所有东西都隐藏起来:经常使用的就放在台面上;喜欢的就摆在那里尽情享用。

一日之举

乡村风格的食品柜

　　加几个格子和较深的柳条篮子，就可以把一个简易的衣柜变成理想的厨房食品柜。给柜门内侧涂上黑板涂料，就形成一块方便的备忘黑板，这样你就完成了制作食品柜的全部工作。

1 用水平仪和卷尺测量衣柜内壁，在要安装格子的位置上作标记。如果衣柜太宽或者你要放较重的篮子，那么你还要在衣柜背板内侧加板条。

2 测量衣柜从柜门内侧到背板内侧的深度。按照测得的深度为每个格架切下两段板条。每隔15mm穿透板条钻一个螺钉孔。在第一段板条上从头至尾涂上木胶，然后对照做好的线条标记粘在衣柜两侧内壁上。按住几秒钟，待粘牢后用螺钉把板条钉在衣柜上。按照相同的步骤，钉上全部板条。

3 测量衣柜的内宽度和深度，以得到每个格架的面积。按照测得的尺寸，裁下MDF，给每个格架的两面和边缘涂上漆，待风干后，放置在衣柜内钉好的板条上。

4 为柜子的外表面涂上漆，给每扇门内侧涂上几层黑板涂料，就成了记事板。待风干就可以放篮子了。

⧗ 1天
外加干燥时间

你需要准备
- 衣柜
- 水平仪
- 卷尺
- 铅笔
- 板条
- 锯
- 打孔机和木料用钻头
- 木胶
- 螺钉
- 螺钉旋具
- MDF
- 油基蛋壳色涂料
- 漆刷
- 黑板涂料
- 柳条篮子

38　富有乡村气息的厨房

涂漆的厨房家具组合

为你的旧厨房家具涂上新漆并加上几个新把手,就可以使它们呈现出新鲜的乡村面貌。你可以使用温和的表面底漆,这样就无需用砂纸磨平柜门上丑陋难看的疤痕。

⏳ **1 天**
外加干燥时间

你需要准备
- 螺钉旋具
- 温和的木料用表面底漆
- 漆刷
- 木制把手或捏手
- 木蜡
- 软布

1 拆掉抽屉和柜门上所有的把手或捏手。在家具表面上刷一层温和的表面底漆,有了它涂料就可以粘住了,因此无需再用砂纸擦拭。待风干后,给抽屉前面板外侧和柜门涂上几层蛋壳色饰面漆。

2 待饰面漆完全风干后,用螺钉把新把手或捏手固定好。用一块软布在面板上涂蜡,以防溅上脏东西,造成损坏。

一日之举

花丝带窗帘

在普通白色窗帘上钻一些小孔,在小孔上系一些欢快的方格花布饰带,这样就创造出真正具有个性的窗户装饰。你可以根据你厨房的需要选用合适的饰带颜色或设计。

1 首先,按照你的喜好,在一张纸上绘出饰带穿过窗帘的最终式样。按照你的设计,用铅笔和直尺在窗帘上作好标记。

2 用成套的钻孔工具钻两排小孔,排间距10cm,孔间距10cm。

3 把饰带剪成40cm的小段,斜着在每段饰带的两端剪一刀,将其上下穿过两个垂直对齐的小孔,再左右穿过两个水平对齐的小孔,如此一直交替下去。在前面把饰带的末端打成优雅的蝴蝶结。

1.5 小时

你需要准备
- 铅笔
- 纸张
- 窗帘
- 直尺
- 打孔工具箱
- 饰带
- 剪刀

方便的橱柜

为书柜装上一扇丝网门就变成了具有乡村风格的橱柜。你可以把它当作大食品柜用，或者你可以只留下最上一层格架，把剩下的全部去掉，这样就成为一个洁具柜，用来放扫帚和清洁用具。

1 测出书柜高度，切下两段比书柜高度短5mm的36mm×63mm的板条，作为门框的立柱。测量书柜宽度，切下一段比书柜宽度短72mm的36mm×63mm的板条，用作门框的上梁，再切下一段相同长度的36mm×88mm的板条，作为门框的下梁。

2 用胶水把四段板条粘在一起，形成门框，然后用螺钉固定好。测出门框的内宽度，切下一段36mm×63mm的板条，作为中间横梁，粘好并用螺钉固定在门框上。

3 给书架、圆形把手和门框上漆，然后等待风干。

4 测量柜门上梁和下梁宽度，按照测得的尺寸切下丝网，四周多出36mm的宽

4 小时
外加干燥时间

你需要准备
- 书柜
- 卷尺
- 36mm×63mm 的松木板条
- 36mm×88mm 的松木板条
- 锯
- 木匠直角尺
- 木胶
- 88mm 的螺钉
- 漆刷
- 蛋壳色饰面漆
- 丝网
- 剪钳（用来剪丝网）
- 钉枪
- 3 个门铰链
- 磁性门拉手

度，折叠在门框的内侧上。把丝网拉紧，钉在门框梁柱的背面。

5 用铰链把柜门安装在书架上，最后装上门扣和圆形把手。

一日之举

多功能工作站

一个架子、几个挂钩、几根横杆，再加上一张直腿厨房用桌，可以变成一个多功能工作站。如果再加上脚轮，你就可以把它推到任何你想要的地方。

1 测出一条桌腿内侧到右边桌腿内侧的距离，再测出它与左边桌腿内侧的距离，这样你就得到了搁板的尺寸，照尺寸切下MDF。

2 把MDF放在地板上，把桌子放在上面，然后沿每条桌腿的圆周划上标记，按照标记锯掉四个角。

3 在每条桌腿的两个内侧钉上钉子，加上几滴强力木胶，把搁板放在钉子上面。

4 给整张桌子和搁板刷上清漆，等待风干。

5 在每个桌角的两侧钉上杯钩，放上金属杆，然后在装好的侧杆上挂上S形钩子。

3 小时

你需要准备
- 直腿小桌子
- 卷尺
- MDF
- 铅笔
- 锯
- 8枚钉子
- 锤子
- 木胶
- 木料清漆
- 漆刷
- 4个杯钩
- 两根横杆
- 4个脚轮（选用）
- S形钩

蔬菜图案

带有海绵擦拭效果的方格和蔬菜图案，可以使厨房的旧柜门重新焕发生气。如果你对自己的艺术能力没有把握，那么你可以用蔬菜模板代替。

1 彻底清洗柜门，用石油溶剂油冲洗掉一块布上的所有油渍，然后用这块布擦干柜门。用砂纸擦净要上漆的表面，然后再用布擦一遍。

2 把柜门分成相同的方格，用铅笔和水平仪在方格上作标记。交替用遮护胶带遮住要用海绵擦拭的方格。

3 在碟子中倒入绿色的油漆，把海绵在漆里浸泡后取出，拧掉多余的漆，用海绵轻轻地把油漆抹在没有遮蔽的方格上。增加色度，直到效果令你满意为止。

4 待油漆风干后，揭掉遮护胶带，在柜门上勾勒出蔬菜的形状。用一把细刷子，蘸上橙色涂料，绘出蔬菜轮廓，然后开始为整个图案上涂料，上涂料时要轻拍，以产生斑点效果。在每个蔬菜装饰图案中，越往边上，拍得要越密，中间要很轻地拍，这样才可以产生三维效果。上完涂料后，等待风干。

5 刷一层透明无光泽涂料，以保护表面。最后，等待完全风干。

1 小时
每扇门
外加干燥时间

你需要准备
- 布
- 石油溶剂油
- 细砂纸
- 铅笔
- 水平仪
- 遮护胶带
- 碟子
- 绿色乙烯基无光泽乳化漆
- 橙色乙烯基无光泽乳化漆
- 小块天然海绵
- 漆刷
- 透明无光泽清漆

一日之举

人工防溅板

用带有醒目树叶设计的自制海绵印花装饰防溅板,将其伪装成瓷砖效果。

1 用白色乳化液在防溅板的位置上刷一条宽度稍大于两片泡沫方块宽度的带状区域。

2 找两三片真叶子作为样板,在每块塑料方块上绘出树叶形状,然后剪掉。

3 分别在三个碟子中倒上赭色(黄褐色)、褐色和赤褐色涂料。在第一块塑料方格上刷赭色涂料,沿着下缘压在白色防溅板上。在第二块塑料方格上刷褐色涂料,挨着第一块方格压在防溅板上。按照同样的步骤,贴上刷了赤褐色涂料的方格。重复以上步骤,直到你完成两排花式交替的方格为止。

2 小时

你需要准备

- 白色、赭色、褐色和赤褐色乳化漆
- 漆刷
- 两三种样式的树叶
- 毡笔
- 3块薄薄的泡沫方格
- 美工刀
- 切削垫子
- 3个碟子
- 小型涂料滚筒

软木塞布告牌

这是利用软木瓶塞的一种趣味法,可以为你的家庭厨房创造一个实用的布告牌。按照你的颜色设计,给边框涂上或点上涂料。

2 小时

你需要准备
- 4 段 48cm × 7cm 的松板
- 细砂纸
- 55cm 宽的硬纸板
- 木胶
- 16mm 的硬纸板钉
- 锤子
- 木材染料或着色料
- 170–180 个软木塞
- 美工刀
- 用来悬挂布告牌的两枚带螺钉的金属板
- 螺钉旋具

1 用砂纸擦拭松板的末端,用胶水把木板粘在硬纸板的粗糙面上,形成框架。待胶水风干后,从反面把木板和硬纸板钉起来。

2 按照生产商的指示着色。

3 每次在一小块硬纸板区域内薄薄地涂一层木胶,然后把软木塞排列在上面。必要时,为了调整长短,可以用美工刀把软木塞截短。用螺钉把金属挂片钉在框背面。

🕐 **快速制作**

巧妙的表面涂层

方格地板

- 彻底清洗地板,风干。从地板一侧开始为两块瓷砖刷上第一种颜色的油漆,隔两块为后面两块瓷砖刷漆,以同样的方式一直刷到地板另一侧,形成格子花纹。待风干后,给其他瓷砖刷上第二种颜色的涂料。

⏳ **2 小时**
外加干燥时间

你需要准备
- 两种颜色的地板涂料,用来刷乙烯基瓷砖
- 漆刷

木纹柜门

- 先把柜门组合从上至下彻底清洗一遍,用砂纸轻轻地擦拭,这一步很关键。然后用石油溶剂油擦净。在底漆上刷一层乙烯基无光泽涂料,待风干后,刷一层木料涂料,紧接着立刻用木纹工具制做木纹效果。把工具举到柜门上端,轻轻地、匀速地向下刷,在此过程中要来回摆动工具,慢慢地形成木纹效果。

⏳ **30 分钟**
每扇门

你需要准备
- 砂纸
- 石油溶剂油
- 布
- 乙烯基无光泽涂料
- 漆刷
- 木料清洗剂
- 木纹工具

包装漂亮的架子

• 把纸铺在架子上，拿起合着的剪刀，用刀尖沿架子的所有边缘划线，这样就标出了架子的确切尺寸。把纸拿下来进行裁剪，使其与架子相匹配。在纸的背面涂上胶水，然后平贴在架子上。待风干后，刷一层起保护作用的清漆。

 30 分钟

你需要准备
- 带小花纹图案的壁纸或包装纸
- 剪刀
- 胶水
- 透明无光泽清漆

油布桌布

• 把油布表面朝下放在地板上，把桌子颠倒放在油布中央。将油布沿桌子边缘折起来，钉在桌子的底面（让你的朋友帮你把油布拉得很紧）。小心保护桌子角，确保桌布完整、清洁。

 15 分钟

你需要准备
- 桌子
- 长和宽比桌子大 7–8cm 的油布
- 钉枪

富有乡村气息的厨房

🕐 快速制作

自然点缀

水果罐头瓶

- 把水果图片影印在描图纸上，剪成标签大小的方块。用喷胶把这些标签粘在罐子或瓶子上。在标签上粘一层透明自粘胶带，这样可以用布擦干净。

⏳ **10 分钟**

你需要准备

- 木刻效果的水果画
- 描图纸
- 剪刀
- 密封的罐子或瓶子
- 喷胶
- 透明自粘胶带

乡村风格的窗台盆景

- 用织物和纸把一些容器盖起来，用剪刀把它们剪成或用手撕成合适的大小，然后在容器上缠几圈，在罐子上方留出一节织物或纸，把留出的织物或纸折起来或包住罐子的上缘。用绳子或铜丝把缠好的织物或纸绑起来，在织物上缘弄出磨损效果。

⏳ **15 分钟**

你需要准备

- 罐子
- 普通的硬布，例如粗麻布和白棉布
- 褐色厚纸
- 剪刀
- 绳子或铜丝

48　富有乡村气息的厨房

带框的水果

• 从苹果和梨的中间切出3mm厚的水果薄片。把水果薄片夹在厨房用纸中间,然后再夹在两片胶合板之间,放入微波炉,在上面压一块非金属重物,选择中档火力,加热3分钟后取出、冷却。换一块厨房用巾,按照上面的步骤,用中火爆热20秒钟后冷却。如果需要,可以多换几次厨房用巾,继续放入微波炉烘干。当水分几乎烘干后,把薄片放在厨房用纸上,置于暖气片上或阳光明媚的窗台上,彻底烤干或晒干。为手工纸装相框,然后把干水果薄片镶嵌在手工纸上。

1 小时 外加干燥时间

你需要准备
- 苹果和梨
- 厨房用纸
- 胶合板
- 微波炉
- 非金属重物
- 手工纸
- 相框

带树叶花纹的瓷砖

• 这是一种把普通瓷砖变得活泼可爱的简单而有趣的方法。彻底清洗瓷砖,用在石油溶剂油中浸泡过的布块擦去油渍。把涂料倒在碟子中,用滚筒把涂料刷在印花上。把印花放在瓷砖上,压实并按住,要注意印花的表面可能比较光滑。风干后,制作就完成了。

40 分钟

你需要准备
- 布
- 石油溶剂油
- 陶瓷涂料
- 碟子
- 小型涂料滚筒
- 树叶印花

富有乡村气息的厨房

快速制作

乡村大杂烩

简记板

- 许多建筑商备有屋顶石板瓦，但是如果你采用的是旧瓷砖，要先用热肥皂水把它彻底清洗一遍，然后晾干。把两片较短的封边胶带粘在瓷砖正面你要钻孔穿绳的地方。穿过石板钻孔，去掉遮护胶带，在孔中穿上粗绳，并在前面打绳结，然后挂在合适的地方。

 15 分钟

你需要准备
- 屋顶石板瓦
- 遮护胶带
- 打孔机
- 粗绳

肉桂嫩枝画框

- 用锋利的修枝剪按照合适的尺寸剪下肉桂嫩枝——可以比相框宽。把相框平放在坚硬的平面上，沿着相框的上缘涂上一道较宽的胶水，在画框的整个横边上摆满肉桂嫩枝，用手把它们紧紧挤在一起。以相同的步骤沿画框下缘粘满嫩枝，然后在画框的竖边上粘满嫩枝。

 30 分钟

你需要准备
- 肉桂嫩枝
- 非常锋利的小修枝剪
- 扁平相框
- 强力胶水

纹釉柜门

- 拆下柜门，用砂纸从上到下彻底擦一遍，再用石油溶剂油擦去微尘和残留的油渍。挑选一种你喜欢的颜色，给柜门刷上两层这种颜色的涂料作为底色。风干后，用漆刷涂上纹釉，按照生产商的说明搁置一段时间——一般大约半个小时。然后用均匀笔触法刷上你选择的面漆，待风干后就会产生裂纹——在开始形成裂纹后不要刷漆。

 1.5 小时 每扇门

你需要准备
- 螺钉旋具
- 砂纸
- 石油溶剂油
- 两种匹配颜色的乳化涂料
- 纹釉工具包
- 漆刷

独立式抽屉柜

- 拆掉现有的把手，用砂纸彻底擦掉旧漆，并用石油溶剂油清洗干净，做好上漆的准备。给整个柜子刷两层乳化漆，待风干后，用细砂纸擦掉柜子边缘和棱角上的漆，造成一种老旧的效果。去掉最上层抽屉的前面板，如果你的抽屉不能这样拆，那就干脆把整个抽屉拿掉。在最上层抽屉里放上篮子，在下面的抽屉上安装牡蛎壳式把手。

 2 小时 外加干燥时间

你需要准备
- 螺钉旋具
- 中等砂纸和细砂纸
- 石油溶剂油
- 布
- 灰白色乳化涂料
- 漆刷
- 柳条篮子
- 黄铜色牡蛎式把手

富有乡村气息的厨房

妙点子长廊

温馨的木料与柳条制品

用天然材料为你的厨房带来乡村气息。木制品常常看起来更有家的感觉,不论是打蜡的、涂漆的或干脆就是裸露的。柳条制品具有乡村特点和温馨的居家感觉。

▲ 木材往往看起来与乡村厨房十分相配,特别是对传统家具来说,就像这种农家用来放碟子的木架。

▼ 您没有地方放滴水架?松木餐具滴水架在不用时可以折叠起来。

▲ 较大的男仆式盘子用途很多,挑选一个普通的松木盘子,刷上白色的油基涂料。

▲ 给深深的托盘垫上厨房用巾,放上令人垂涎的热面包,然后再放在桌子上。

▲ 可以挂在墙上的传统茶杯挂架,可以为橱柜腾出空间,挂架最好带顶架,可以用来放水壶。

▲ 把水果和蔬菜囤积在柳条篮子里,看起来和真的乡村厨房一样。

妙点子长廊

乡村气息的魅力

尽管市场上不断涌现新的小配件和设计,但传统家具仍然具有无限的魅力,并易于被接受。富有特色的物品将立刻为你的厨房摆设带来宜人的气氛。

▲ 挑选带有黄铜砝码的老式天平。它不仅好看,而且是最准确和最简单的厨房天平。

▼ 在普通瓶子的中间缠上厚厚的酒椰叶纤维带,用胶水把两端粘好。

▲ 亲手绘制油漆图案的陶器使你觉得进餐更有生趣,是用来做橱柜展示的最佳选择。

▲ 把厚厚的带釉方块瓷砖当成杯垫来放热饮或冷饮（在瓷砖下面粘上毛毡，防止瓷砖粗糙的背面划破家具表面），这样特别富有乡村气息。把几块瓷砖拼在一起还可以用来放碟子。

▲ 使用炉子的传统水壶可以和任何最现代化的电水壶一样迅速地为你的早茶提供开水。

▲ 采用农家设计的碗、碟子和罐子可以使你的烘制工作变得更有生趣。

✅ 效果欣赏

农舍的新鲜感

将黄油色和赤土色混合使用,形成一种温馨而欢快的感觉。

使你的厨房具有乡村风格的一个诀窍是要避免使用相同的柜门。在这间厨房里,格板门、凸起和凹槽混杂在一起,还在上面钻了一些突发奇想的小孔,这个灵感来自柜门、敞开式搁物架和带有丝网中央板的壁橱。柜门把手混合了不同的风格。

如果空间放不下真正的柜炉,那么你可以选用一种具有标准宽度、带有黄铜装饰的柜式炉具。尽量将它和橱柜排放整齐,甚至这样意味着要牺牲标准的靠墙家具组合。这样不仅看起来更整齐,更重要的是,橱柜对任何厨房来说都是十分有用的家具,可以摆放从漂亮陶器到怀旧纪念品的任何东西。

厨房的色调要简单。白色瓷砖台面一直延伸到防溅板上,漂亮的陶瓷地板与奶油和木材的颜色配合得非常恰当,而颜色较深的蓝绿色温莎椅虽然与家具组合不相配,但看起来却更具舒适感。

还可以有哪些改进?

- 在瓷砖上镶嵌动物或蔬菜花纹
- 大号柜炉
- 灰蓝色家具组合
- 全木质台面

▲ 乡村厨房忌讳明晃晃的金属装饰,因此要选择锡合金或无光泽的黄铜把手等小配件。牡蛎壳式把手,就像在老式档案柜上看到的那种,是再好不过了。

▲ 乡村风格的赤褐色瓷砖十分漂亮,但是要确保密封好,因为赤土瓷砖是多孔的,容易吸入溅上去的油脂。

▲ 在格架上摆上储物罐、菜谱和农家经常使用的笨拙而实用的工具。

效果欣赏

21世纪的维多利亚时尚

鲜艳的蓝色中和了富有乡村气息的松板，产生了绝好的效果。

现代装饰使这间乡村厨房显得那么吸引人。带斑点漆纹的松木柜门散发着陈旧的光彩，还有它那拱形门板，赋予厨房美好时代的感觉。虽然墙壁没有选择温和的颜色，以配合柜门，但是刷成了鲜艳、活泼的蓝色，倒为整个房间带来了生气，中和了松板上的橙黄色彩。台面采用了两种材料——木质表面对剁肉切菜来说是理想的，而层压板看起来像是花岗石，色彩和耐磨石地板的色彩相互辉映。板条式壁架上的瓶子或罐中装满了诱人的糖果。挑一些漂亮的摆在那里，其余的可以放在储物柜中。玻璃架子上放着一堆壶和罐，平底锅由于太大架子上放不下，就放在了台面的里边。同时，传统后门已经换成了可以让阳光照进来的法式后门。

还可以有哪些改进?

- 具有新鲜感的苹果绿墙壁
- 天然花岗石或大理石台面
- 较大的男仆式砧板
- 鲜红的罐子、平底锅和水壶

▲ 带玻璃门的橱柜为可以让你有机会展示迷人的陶瓷，并可使厨房看起来不会过于规整。

▲ 伟大的维多利亚时代的标准，就像这种巨大的男仆式水槽，和一个世纪以前一样实用。

▲ 鲜花，特别是草，把花园带进了厨房，也使我们回想起自家种植很多蔬菜和水果的那个年代。

效果欣赏

乡村小屋

传统的花卉图案，各式陶器和大量的天然木料构成了这幅宜人的外观。

与白色墙壁和木制品交错的鲜绿色橱柜就像一块纯色帆布一样，正好可以在上面加一些漂亮的小饰物。

木质台面是乡村厨房的首选。选择层压板是为了实用，但如果你选用了天然木板，一定要确定它是天然防潮的，例如柚木或大绿柄桑木。要经常给台面擦油，这样可以用很多年。为深深的水槽装上鸭脖式水龙头，这个细节设计属于美丽时代的风格，但是有着实用的目的——用来洗大罐子和烧烤网来说真是太棒了。窗户上搭起的花布很容易使人把它误认为现代窗户。

一些小饰物可以使厨房变得别致起来，比如在空间狭小的地方使用老式脱水架，在窗台上摆放整形花草，这样可以装饰枯燥的模板窗扇。

还可以有哪些改进？

- 在窗台上摆放花草盆
- 矮小的松木桌
- 用珊瑚纹瓷砖制作的华美的防溅板
- 梯背椅

▲ 橱柜门上精致的石蜡印花为厨房平添了生趣，也为厨房带来了令人愉悦的民间艺术元素

▲ 维多利亚和爱德华七世时代的瓷砖总是有着很多的装饰，炉旁铁架上方的花纹图案成为一道美丽的风景。

▲ 乡村风格不强调花式的搭配和谨慎的协调。

圆滑与别致

这种风格是所有厨房用品最成熟的外观。受专业餐厅厨房的启发，主要元素采用钢制或镀铬制品，它们和玻璃、花岗石、木材和石头等天然材料互相协调，从家具组合到门把手，一切都具有整齐圆滑的线条。这种风格强调对材料用途的想像，例如金属防溅板和玻璃台面，还强调家具的实用特点，比如给炉具加上罩子。

这种风格特别适合现代家庭，尤其是阁楼公寓或是敞开式平面布置的房子。它与高技术小配件、设计师装饰品以及最新用具是理所当然的组合。如果你青睐功效，讨厌混乱，那么你可以选择这种外观，但要准备好不辞辛苦地保持金属制品的光泽，并经常给木制品上油和做好清洁工作。

阶梯式储物架

与一般的架子相比,这种量身定做的搁物架为厨房增添了更多乐趣,而且仍然可以提供充足的储物空间。

3 小时

你需要准备
- 13cm 宽的 5mm MDF
- 锯
- PVA 胶水
- 镶板钉
- 锤子
- 油基涂料
- 墙上托架

1 把 MDF 锯成搁板,每块长度减少13cm:2 × 76cm、1 × 63cm、1 × 50cm、1 × 37cm。另锯下 4 × 13cm 和 1 × 55cm 的板块用作支撑板。

2 首先,在13cm长的纤维板上涂上胶水,并以直角钉在两块76cm纤维板上,构成箱子的三个面,两块较长的纤维板要盖住较短纤维板的切割端。

3 把两块76cm纤维板的另两端连在55cm板子上,这块板子将构成搁物架的长侧板。最下层搁板的底端一定要和侧板的底缘整齐地连在一起,第二块76cm长的板子也务必要保持绝对平衡,然后再涂胶水,钉钉子。

4 把 63cm 板子放在第二层搁板的上面,经过比对得出下一块13cm长的支撑板外缘的准确位置。给支撑板涂上胶水,并从第二层搁板的下面用钉子将其固定到位,再把63cm板子钉在支撑板上。按照上面的步骤,把剩下两块板子装好。

5 给整个搁物架刷上底漆,待风干后刷上涂料。最后,用托架把整个搁物架固定在墙上。

现代柜门

层压板和时尚把手的巧妙使用可以使你的柜门看起来像是出自设计师之手。

1 将把手和柜门拆下来进行清洗。

2 测量柜门的正面尺寸,并在层压板的背面划上测量标记。把层压板放在切削垫子上,按照标记用美工刀切开层压板。

3 揭掉背衬,把切好的层压板粘到柜门上。

4 找好把手的位置,在落钉的地方加上标记。在柜门上钻孔,安装把手。

1 小时
每扇门

你需要准备
- 卷尺
- 铅笔
- 自粘层压板
- 美工刀
- 钢尺
- 切削垫板
- 把手
- 打孔机

一日之举

快速厨房修补

为你的柜门刷上漆,安上新把手,并为普通防溅板加上银色镶嵌瓷砖。

1 用砂纸从上至下擦拭柜门并刷上底漆。用滚筒刷上白色光泽涂料,待风干后涂上第二层涂料。

2 找好把手位置,在螺钉位置上作标记,钻孔并安装新把手。

3 彻底清洗瓷砖,然后把银色镶嵌瓷砖切成小方块。在瓷砖背面涂上陶瓷胶粘剂,压在普通白色防溅瓷砖的中央位置。按照相同的步骤,为其他瓷砖贴上镶嵌瓷砖。

1天
外加干燥时间

你需要准备
- 细砂纸
- 底漆
- 漆刷
- 白色磨光涂料
- 小滚筒
- 把手
- 铅笔
- 打孔机
- 螺钉旋具
- 银色镶嵌瓷砖
- 尖剪刀
- 陶瓷胶粘剂

66　圆滑与别致

展示盒

日常用品可以集合在这种制作简单的盒子里,进行富有想象的展示。

1 用一个木盒子量出你需要多大的衬垫胶合板。按照盒子宽度的4倍、长度的1.5倍切下胶合板。

2 在胶合垫板靠近下缘4cm处将要钻孔、悬挂"S"形钩子的地方作上记号。从垫板的前面钻直径为1cm的小孔。

3 把盒子放在靠近垫板上缘的地方,并用强力木胶粘上去,等待风干。

4 在每个盒子中装上不同的意大利面食或干胡椒。把S形钩子挂在钻好的孔上,可以挂厨房用具。

5 把垫板用螺钉固定在墙上。

 2 小时

你需要准备
- 3个带透明玻璃或塑料滑动盖子的木盒子
- 胶合板
- 卷尺
- 铅笔
- 锯
- 带1cm钻头的打孔机
- 强力木胶
- S形钩子
- 透明的无光泽清漆

快速制作

设计师的细节设计

带玻璃面板的展示盒

20 分钟

你需要准备
- 带滑动玻璃面板的盒子框架
- 超强力胶水
- 水平仪

• 把玻璃板从盒子上拿下来,按照上下一个接一个的方式,在墙上找好盒子框架的位置。在墙上和盒子框架的背面涂上超强力胶水,把框架压在墙上,按住几分钟,直到胶水粘牢。按照同样的步骤,把所有盒子安装在墙上,查看是否水平。当盒子固定在墙上以后,就可以放上小瓶子、调料罐、装饰包以及其他东西了。最后把玻璃板装回盒子。

玻璃蚀刻

1 小时

你需要准备
- 一张羽毛图片
- 尖、软铅笔各一支
- 描图纸
- 蜡纸板
- 美工刀
- 切削垫板
- 玻璃碟子
- 遮护胶带
- 报纸
- 玻璃毛面蚀刻剂

• 在描图纸上画一根羽毛。用一支软铅笔在描图纸的背面摩擦,把描图纸朝上放在蜡纸板上,然后用一支尖头铅笔在描图纸上再描一次羽毛图案,把羽毛图案转移到蜡纸板上。小心地裁剪图案,在蜡纸上留下羽毛形状。用遮护胶带把蜡纸粘在碟子上,再用报纸把碟子其余地方护住。在图片上喷洒玻璃毛面蚀刻剂,待风干几分钟后,去掉蜡纸。

快捷的木块搁板

- 测量搁板的长度和宽度，按照测量结果切下6cm宽的胶合板，将胶合板粘在搁板边缘上，并用平头钉钉好。给胶合板和搁板刷上漆，风干。

 1 小时

你需要准备
- 卷尺
- 铅笔
- 胶合板
- 锯
- 强力木胶
- 大头针
- 锤子
- 油基涂料
- 漆刷

玻璃防溅板

- 把玻璃板按在防溅板位置上，在要钻孔的地方打上标记。把玻璃板放在一旁，在墙上钻孔后插上墙塞，然后把玻璃板放好并用螺钉紧紧固定住。

 1 小时

你需要准备
- 预先按尺寸裁剪并在每个角上钻好孔的钢化玻璃
- 铅笔
- 打孔机
- 墙塞
- 圆顶螺钉
- 螺钉旋具

圆滑与别致

🕐 快速制作

巧妙的光泽

壁纸效果

• 选用带金属光泽的可擦拭乙烯基壁纸,目标是在墙壁上覆盖具有交替设计的壁纸——或者在一面墙上创造出最显眼的特写设计。先从两种壁纸的交会处,即墙角入手,把第一块壁纸挂起来,盖住墙角稍许,不要在这个时候修剪壁纸。把另一块相配的壁纸挂在墙角的另一侧,稍稍盖住第一块壁纸的边缘。用最锋利的斯坦利刀片顺着墙角划下去,同时把两块壁纸都切断。轻轻揭起壁纸,去掉多余部分,然后把壁纸粘在墙角上,用手抚平。继续为其他墙壁粘贴壁纸,最后装上边缘。

⏳ **2 小时**

你需要准备
- 两张相配的壁纸
- 相配的壁纸边缘
- 壁纸剪刀
- 斯坦利刀具
- 壁纸浆糊
- 漆刷
- 海绵

金属格栅

• 测量你的橱柜的侧面尺寸,按照测量结果切下格栅,用砂纸把所有粗糙的边缘擦整洁。为整个格栅彻底刷上银色金属涂料,一定要确保所有内缘都刷上了涂料。待风干后,用钉子固定好,装上杯钩,然后挂上厨房用具。

⏳ **45 分钟**

你需要准备
- 花园格栅
- 卷尺
- 铅笔
- 锯
- 砂纸
- 银色金属喷漆
- 板钉
- 锤子
- 杯钩

临时准备一个蔬菜挂篮

• 为每个篮子切下三段链子，链子一定要够长，这样在挂起来时互相之间才能隔开足够的空间来放入或取出水果或蔬菜。在每根链子的两端挂一个S形钩子，再把这些钩子挂在篮子的边缘上。把最上层篮子的三根链子合在一起，在顶棚或搁架上连接一个结实的带钩螺旋，然后把合在一起的链子挂在钩子上。

20 分钟

你需要准备
- 3个丝网花园挂篮
- 中等规格的扁节链
- 丝网剪刀
- 18个S形钩子
- 结实的带钩螺旋

镀金花盆

• 把报纸铺开以保护家具表面，用一块软布轻轻蘸一些金箔膏或蜡，慢慢地像划圈儿一样擦在陶瓷花盆的内侧。如果不够光滑和平整，就多擦几层金箔膏。最后放着风干。

15 分钟

你需要准备
- 报纸
- 软布
- 罐装金箔膏或蜡
- 干净的新陶瓷花盆

圆滑与别致

妙点子长廊

现代餐桌风格

你在布置餐桌时可以尝试不同的设计方案,从而找到合适的现代装饰。就时尚餐具而言,你可以从城市的工业风格、极简主义的日本风格和刻板的单色入手,达到预期的效果。

▲ 仅带浮雕装饰的纯白餐具拥有十分适合现代摆设的经典外观,它与铬合金的搭配看起来很漂亮。

▼ 就与众不同的即兴蜡烛底座设计来说,去掉听罐的标签,洗净、晾干,然后装入盐或沙子,插上几根锥形蜡烛就做好了。

▲ 东方外观和圆滑别致的餐具是最好的搭配,它们都是以极简主义和渐缩风格为基础的。

▲ 把食品放在形状别致的盘子里,这样可以赋予食物一种表象变形,例如这些长方形盘子。还可以找一些正方形或椭圆形盘子或浅盘。

▲ 在软木塞上切一道缝,把写有客人名字的名片插入木塞,这样可以帮助你的客人很快找到自己的餐位。

▲ 通过制作自己的长条桌布,可以真正实现你所想要的外观。这块闪烁着银光的蓝布上有巧妙的几何花纹,它和球蓟花的圆脑袋搭配得天衣无缝。

妙点子长廊

流线型储物家具

储物家具对十分现代和极简主义的厨房来说特别重要,因为乱七八糟是这种风格坚决忌讳的。横向思考一下,寻找一些与众不同的和富有创造性的解决方案。

▲ 当你四周的空间太拥挤时,靠墙折叠起来的时尚折叠凳往往很方便。

▼ 把罐子和平底锅藏在壁橱中会占用很多空间,而且也没有必要总是放在柜子里。采用时尚的铬合金版本来代替老式的平底锅套叠架,然后把所有你常用的平底锅放在上面。

▲ 这种餐具柜可以代替落地家具,而且和台面一样实用,可提供很多储物空间。

▲ 敞开式搁物架是一种有着极强适应性的厨房家具，尤其是在空间拥挤的地方，还有在当你不想用很多家具把房间里的所有东西都藏起来的时候。

▲ 把你的面包箱抬高到墙上，这样可以释放台面空间。你只需在背墙上钻几个孔，再把面包箱用螺钉固定在墙上就可以了。

▲ 乡村风格的外观可能会使你想到鸡蛋篮子，但是用铬合金材料制成的带有工业时代外观的篮子和旁边擦得明晃晃的餐具桶放在一起，将搭配得更好。

妙点子长廊

现代材料

这种外观只与本身就有欣赏价值的材料有关，不带任何虚假的涂料或用来遮盖的织物。但是镀锌和不锈钢将不会扭曲、扰乱或破坏这种风格，因此将能够满足现代厨房的严格作风。

▲ 经过超现代装饰的大型不锈钢电器——冰箱、炉具、洗碗机、洗衣机——看起来都很棒。

▼ 花岗石可能比较昂贵，但它是你可选择用来做台面的最时尚和最坚硬的表面材料之一。挑选设计精美的厨房附件，就像这种带钢制把手的刀具和带有配套脱水架的案板。

▲ 把几个装饰性的罐子和设计师小配件展示出来，可以为您的厨房带来一种高科技外观。

▲ 挑选钢制杯子和咖啡机，以形成完整的现代外观。

▲ 甚至采用经典的不锈钢用具都能为你的厨房外观增添现代风格。

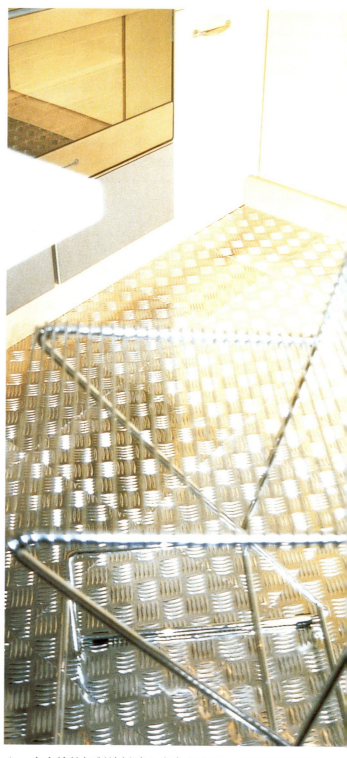

▲ 走在镀锌钢制地板砖上会有点噪声，但是它们的耐磨性是惊人的，对厨房来说十分实用。

✓ 效果欣赏

阁楼式生活

想一想纽约的阁楼公寓，使你的厨房拥有亮丽的体现设计师思想的外观。

这间厨房里的一切都在诉说着现代风格。光滑的组合家具用桦树层覆盖了表面，擦得明晃晃的横杆式镀铬表面把手跨越了整个柜门的长或宽，增强了线性效果。家具组合和花岗石防溅板底部也采用了擦亮的镀铬表面。对嵌入专门设计的家具组合中的微波炉来说，它也是当然的选择。不只是落地橱柜青睐抽屉，所有的家具都青睐深深的拉出式抽屉，这意味着不会有平底锅长期遗忘在橱柜的后方——一切都极易拿到。

裸露的砖墙和苍白的石地板赋予这间厨房真正的阁楼公寓气息，也让你觉得厨房宽敞了。如果空间够用的话，你可以购置一台柜炉。这间厨房使用的是一台真正空间时代版本的传统炉子：烤箱超宽和巨大的火炉具有高科技风格。

还可以有哪些改进？

- 白色光泽家具
- 磨光的花岗石地板
- 钢制防溅板
- 厚实的玻璃台面

▲ 皮革椅子和玻璃桌子对厨房来说是不寻常的选择，但它们很适合这种装饰风格。镀铬椅子框架和房间四处的镀铬金属表面遥相呼应，黑色皮革创造出强烈的效果。

▲ 为了与你的电器相搭配，要用钢制和镀铬装饰来保持您厨房的流线型外观。

▲ 在擦亮的镀铬烟囱上装上一大片曲面玻璃，使你的炉具排气罩成为一道引人注目的风景。

☑ 效果欣赏

小巧而富有流线

在小型厨房中，材料和色彩的混合要尽量少，这样可以最大化空间感。

山毛榉木台面、家具组合和带有金属光泽的电器以及漂亮的墙壁色彩相互搭配，使厨房看起来十分紧凑。

在一个小巧的厨房中，你需要确定怎样来布置你的家具。在这间厨房里，为了放置一台洗碗机而牺牲了一个落地橱柜，反过来，这又意味着仅需一个较小的圆形水槽就够了，从而释放出更多的台面空间。壁橱的柜门中央安装了毛玻璃，玻璃上还带有方块装饰设计，把手用弓形抛光镀铬金属制成，为厨房增添了惹人喜爱的点缀。

深紫色对厨房来说是一种不寻常的选择，但是它与金属和木材搭配起来效果实在太棒了。厨房中仅有的其他色彩来自小饰物，例如挂在墙上的杯子和碗中的水果。

还可以有哪些改进？

- 深红色墙壁
- 敞开式搁物架
- 花岗石台面

▲ 现在的大部分电器都是金属抛光的。在这间厨房里，从电冰箱到洗碗机、炉具、烤箱和微波炉，所有电器都带有相同的金属光泽。

▲ 寻找合适的储物设计，这种悬挂在水槽上方的架子可以当脱水装置用，从而释放了台面空间。

▲ 充分利用高处壁橱的面板；你也可以在墙上排气罩的下面安装小聚光灯，用来为台面提供照明。

五彩缤纷的厨房

谁说厨房一定要白色或木质颜色的？使色彩成为你厨房的突出特色，并创造一间真正富有个性的房间。用墙壁、地板和家具构成漂亮的颜色区域。为每样东西选择不同色度的颜色，厨房中其他所有元素的颜色依然保持白色或不锈钢光泽，以避免醒目的设计变成不和谐的杂乱色彩。

如果你喜欢在你的房间里留下个性痕迹，就把厨房打扮得色彩丰富一些。五颜六色的厨房最能表现你稍显离奇的性格，并从装饰设计中享受到快乐，比如赋予房间怀旧装饰或重复使用鲜艳的图案。这是一种放松的外观，可以带给你温馨和享受生活的感觉，尤其是对小型厨房来说。

一日之举

涂漆冰箱

电器历来是白色的,以致我们有时想不到它们也可以是其他颜色的。为您的旧冰箱喷上一层漆,就可以把它变成一道亮丽的风景。

⏳ 2 小时

你需要准备
- 细砂纸
- 软布
- 石油溶剂油
- 报纸或聚乙烯膜
- 遮护胶带
- 瓷喷漆底漆
- 瓷喷漆
- 防护罩

1 把冰箱移到通风较好的地方。用细砂纸轻轻擦去所有生锈的碎片,并擦拭表面,直到变得光滑。把冰箱从上到下清洗一遍,然后再用浸过石油溶剂油的软布清洗一遍。

2 用很多报纸或聚乙烯膜把周围区域保护起来。遮住冰箱上所有您不想喷漆的地方(例如冰箱门四周的橡胶密封带、把手或饰物)。

3 为冰箱刷上底漆,注意手中的漆罐要距离冰箱表面30—40cm。慢慢地从右向左喷,如果底漆产生流动,那么说明你离得太近或喷得太浓。喷完底漆后,等待风干。

4 按照同样的方法喷上油漆,为了获得光滑的漆层,您可以根据需要喷多层漆。

五彩缤纷的厨房

墨西哥饰边

为你的普通家具刷上漆并加上色彩美丽的手工饰边,就可以赋予它们新鲜的面孔了。

1 彻底清洗柜门,用砂纸轻轻地擦净,并用浸过石油溶剂油的布从上到下擦一遍。

2 为柜门涂上米黄色底漆。用清水以1:1的比例稀释蓝色涂料,用淡蓝色涂料刷一块纸片,再用深蓝色涂料刷一块纸片,然后等待它们风干。

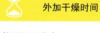 **2小时**
外加干燥时间

你需要准备
- 砂纸
- 布
- 石油溶剂油
- 黄色、深蓝和淡蓝色乳化漆
- 漆刷
- 大块白色薄纸
- PVA 胶水
- 海绵
- 丙烯酸清漆

3 把深蓝色纸片撕成大约3cm宽的纸带。要小心地撕,但是纸带边缘可以稍带参差,这样可以增加情趣。把淡蓝色纸片撕成大约1cm宽的纸带,并剪成树叶形状。

4 用水稀释PVA胶水,直到变得软而黏。用湿海绵把胶水涂在深蓝色纸带的背面,然后粘在门边上,并用手抚平。按照相同的步骤在淡蓝色纸带的任一面涂上胶水并粘在门边上,待干燥后,用剪好的树叶形纸片装饰深蓝色纸带。

5 待风干后,为整个柜门刷几层丙烯酸清漆。

五彩缤纷的厨房

一日之举

敞开式储物架

在墙上安装敞开式储物架，用来存放厨房用具，这样一来你的壁橱就成为额外的储物空间了。

1 把橱柜背朝下放在地板上，卸下柜门。仔细测量橱柜的内宽度和深度，并按照测得的尺寸切下MDF搁物板。

2 为橱柜内外壁刷上底漆和一种颜色的油漆，为橱柜内侧后壁刷上一种反衬色。为搁物板刷上底漆并刷上和橱柜内侧后壁一样颜色的油漆，但边缘上刷的油漆要和橱柜外部颜色相配，然后等待风干。

3 将橱柜放倒，把第一片搁物板托在其位置上，用铅笔在橱柜内侧作上标记，然后测量并在橱柜外侧的螺钉孔位置上作标记。拿掉搁物板，打孔，然后把搁物板重新放回其位置，用螺钉紧紧固定住。按照相同的步骤，装上所有搁物板。在需要的地方，润色一下油漆效果。

1.5 小时
外加干燥时间

你需要准备
- 螺钉旋具
- 卷尺
- 12mm 厚 MDF
- 锯
- 底漆
- 两种颜色的乙烯基丝漆
- 漆刷
- 铅笔
- 打孔机
- 螺钉

闪烁金属光泽的方块

在这些空白柜门上喷上正方形图案，形成活泼、亮丽的外观。

1 如果你先把柜门拆下来放在通风好的地方，工作会更容易一些。如果你无法把柜门拆下来，那么请根据下面的提示完成制作，但一定要保护住每扇门周围的区域，也一定要把窗户打开。把柜门平放在一大片报纸上，用铅笔和钢尺作好方块标记——用三角板检查方块是否标准。

2 用遮护胶带和报纸把每扇门上的两个方块遮起来，确保完全盖住了柜门上你不想喷漆的所有区域。

3 摇晃漆罐后，开始慢慢地从一边到另一边喷漆。为了获得平滑的效果，你可以一直以相同的方式连续喷多层油漆。待彻底风干后，去掉遮护胶带并重新安装好柜门。

 45 分钟
每扇门

你需要准备
- 螺钉旋具
- 遮护胶带
- 铅笔
- 钢尺
- 直角板
- 适合于你厨房柜门表面的金属性涂料
- 报纸

一日之举

特艺色瓷砖

翻新你的台面,为其铺上一层彩色新瓷砖,你将会惊讶地看到它把整个房间变得多么漂亮。

1天

你需要准备
- 4cm 宽的板条
- 锯
- 底漆
- 油基涂料
- 平头针
- 锤子
- 卷尺
- 铅笔
- 瓷砖胶粘剂
- 锯齿状涂胶器
- 瓷砖
- 瓷砖填缝料
- 瓷砖刀
- 瓷砖
- 瓷砖剪边器
- 海绵
- 防水填缝料
- 软布

1 按照长度切下板条,构成台面的边缘。涂底漆,然后为其刷上与你的厨房相匹配的涂料。用平头针把板条钉在台面的前缘上,板条要比台面高出一块瓷砖的厚度。

2 测量台面,制定出你的设计。第一排瓷砖将沿着前缘粘贴。如果最后你为了调整尺寸不得不切割瓷砖,那么你应该先找到台面的中心位置,从那里开始铺瓷砖。

3 涂胶粘剂,每次涂一块边长大约为60cm的正方形区域。把瓷砖压在上面,插入瓷砖隔片,这样才能使上薄泥浆的缝隙保持均匀和平行。用瓷砖刀和剪边器切割瓷砖,使其与边缘尺寸相配。用一块湿海绵擦去多余的胶粘剂,等待风干。

4 涂上填缝料,用海绵擦掉多余部分,然后用一块干燥的软布把瓷砖擦亮。

五彩缤纷的厨房

不可或缺的记事板

这种记事板只需用黑板涂料和一块MDF就可做成,但最终会成为你厨房中最不可或缺的东西。

1.5 小时
外加干燥时间

你需要准备
- 按尺寸切好的12mm 厚的MDF
- 底漆
- 漆刷
- 黑板涂料
- 4个金属弯角
- 铅笔
- 打孔机
- 螺钉
- 螺钉旋具
- 水平仪
- 卷尺
- 两个结实的挂钩
- 墙塞

1 在MDF的正反面上刷底漆,待风干后在MDF的正面和侧面刷两层平整的黑板涂料。刷第二层涂料之前,第一层涂料先要彻底风干。

2 把金属弯角放在黑板的四个角上,用铅笔在螺钉位置上作标记,对准标记钻孔,然后用螺钉把弯角固定在四个角上。

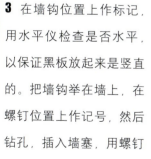

3 在墙钩位置上作标记,用水平仪检查是否水平,以保证黑板放起来是竖直的。把墙钩举在墙上,在螺钉位置上作记号,然后钻孔,插入墙塞,用螺钉把墙钩钉在墙上。最后,把黑板放在墙钩上。

五彩缤纷的厨房

快速制作

明亮的方块图案

贴图片的墙壁

• 测量你想用图片覆盖的墙壁面积，用铅笔划出一个长方形区域，所有的图片和镜子将包含在这个区域内。把第一面镜子定位于长方形区域的一个角上，在装挂钩的地方作标记，用锤子钉一个画钩，挂上镜子。按照相同的步骤，在长方形区域的其他三个角上挂上镜子。用卷尺找出上下两排镜子的中点，在每个点上各挂一面镜子。为中排镜子找好位置，找出钉挂钩的地方，也将它们挂起来。为问候卡片装上无边相框，并挂在镜子之间的中央处。

30 分钟

你需要准备
- 卷尺
- 铅笔
- 水平仪
- 8块方形镜子（最好是哈哈镜）
- 7张问候卡片
- 7个带夹子的画框
- 15个图片钩
- 15个砖石钉
- 锤子
- 挂图片用的金属丝

色彩艳丽的蜡染印花布

• 如果你的桌布是新的，那么首先把它洗净、晾干并熨好。按照彩色蜡染印花工具盒上的说明，描绘出你自己的设计。图中这块桌布的图案设计是逐渐变小的方框。按照生产商的说明，将布放进洗衣机，加上染料。

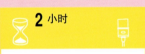

2 小时

你需要准备
- 白色或灰白色桌布
- 彩色蜡染印花工具盒
- 织物染料
- 漆刷

趣味毡块

- 把毛毡切成方块形状，边长比软木砖长5cm。揭掉自粘软木砖的垫板，把毛毡平贴在软木砖的胶粘面上。把多出的毛毡整齐地折叠起来，用强力胶带粘在软木砖背面。把毛毡粘在或用螺钉钉在墙上，就可以当插针板用了。

 15 分钟

你需要准备
- 毛毡
- 自粘软木砖
- 剪刀
- 强力胶带

用镶嵌瓷砖做成的防溅板

- 用铅笔和直尺划出防溅板区域。墙壁一定要干净并且干燥，为所有裂缝或缺口涂上填缝料。每次涂上一小块瓷砖胶粘剂，把瓷砖一块接一块地粘上去，创造出一种随意的图案效果。继续涂胶并固定瓷砖，直到整个防溅板区域都覆盖上瓷砖。等胶粘剂发挥效果以后，涂上填缝料，用布擦去多余填料。

 45 分钟

你需要准备
- 铅笔和尺子
- 精选镶嵌瓷砖
- 多合一瓷砖胶粘剂和填缝料
- 锯齿状涂胶器
- 布

五彩缤纷的厨房

🕐 快速制作

巧妙的点缀

日光窗帘

- 把窗帘放在切削板上,在一张薄纸板上画出你的设计。图中的设计是把一块边长为7cm的方块区域分成了4个较小的方块。把你的设计从纸板上剪下来,制定出从一边到另一边重复排列的方式。用铅笔沿着窗帘靠近底端的区域轻轻地划出水平导向标记,以帮助你把模板连在一条直线上。用胶带把模板粘在窗帘上,沿每个剪空的小方块内侧周边划一个小方框,这样就为把设计转移到窗帘上做好了准备。重复相同的步骤,直到窗帘从左到右画满了两排设计,然后用美工刀小心地剪掉方块。

实用技巧可以确保你在按设计剪掉布料上的小方块时彼此间留的布带不会太窄,否则窗帘会下垂。

1.5 小时

你需要准备
- 卷帘
- 切削垫板
- 铅笔
- 美工刀
- 直尺
- 胶带
- 橡皮擦

罐式草本种植器

- 把罐子清洗干净,在每个罐子的底部钻一些排水孔。加入一层沙砾,然后装入混合肥料,一直装到距离罐子顶缘1cm处。均匀地撒上草种子,在上面撒一薄层混合肥料,浇水后放在有阳光的地方。

10 分钟

你需要准备
- 带有装饰性标签图案的罐子
- 锥子
- 细沙砾
- 罐装混合肥料
- 草种子

冰箱上的磁体粘贴画

- 挑选以食物为主题的彩色图片或明信片,将它们分别粘在一片剪成相同大小的薄纸板上。在背面粘上磁铁块,然后粘在冰箱门上。

 15 分钟

你需要准备
- 精选的明信片或图片
- 胶水
- 薄纸板
- 美工刀和直尺
- 切削垫板
- 磁铁块

菜谱防溅板

- 从杂志上挑选你最喜欢的菜谱,把它们撕下来,或抄在纸上,或复印出来。在塑胶板的四个角上各粘一块遮护胶带并钻孔,在墙上相应的位置上也钻四个小孔并插上墙塞。按照你喜欢的方式排列菜谱,并用喷洒胶粘剂把它们粘在塑胶板靠下缘的地方。最后,用螺钉把防溅板钉住。

 1 小时

你需要准备
- 精选菜谱并将其印在或写在纸上
- 遮护胶带
- 玻璃工按尺寸裁剪的5mm厚的塑胶板
- 打孔机
- 墙塞
- 喷洒胶粘剂
- 圆顶螺钉

五彩缤纷的厨房

快速制作

把厨房装点得更整齐

遮帘

- 剪一块布，垂直和水平长度分别比开口垂直长度和水平长度的两倍还要长5cm。把布的四边卷起并缝好，其中帘子上缘将要穿细绳。如果在开口两侧都没有合适的地方安装杯钩，就切下两块板条，分别安装在两侧。用螺钉把杯钩钉在装好的两块板条上，顺着帘子上缘穿上细绳，然后挂在杯钩上。

30 分钟

你需要准备
- 布或旧桌布
- 缝纫机和针线
- 两头带钩或环的结实的松紧细绳
- 杯钩
- 木制板条（若需要）

怀旧风格

- 给柜门刷上底漆后等待风干。剪下图片，为它们在柜门上选好位置。在图片的背面涂上壁纸浆糊，并把它们粘在柜门上，用一块干净的软布把所有气泡抚平，并擦去多余的浆糊。待彻底风干后涂上几层透明无光泽清漆。

1.5 小时

你需要准备
- 水基涂料
- 漆刷
- 影印的彩色图片（明信片、杂志图片等）
- 尖剪刀
- 壁纸浆糊和漆刷
- 软布
- 透明无光泽聚氨酯清漆

94 五彩缤纷的厨房

黑板柜门

- 用铅笔在柜门4个边缘上标出5cm宽的饰边，并用遮护胶带把中心区域盖住，为饰边刷上油基涂料，待风干后去掉遮护胶带。然后用遮护胶带把刷了涂料的饰边盖住，采用均匀笔触法在黑板中心区域上刷黑板涂料，待彻底风干后小心地拿掉遮护胶带。

 1.5 小时

你需要准备
- 卷尺
- 铅笔
- 低黏性遮护胶带
- 油基涂料
- 漆刷
- 黑板涂料

制作简单的薄窗帘

- 在窗户上方安装窗帘杆。测量窗户的高度，剪下一块比窗户高度两倍还长10cm的薄布。把未经处理的粗糙边缘折起、缝好并熨平。把薄布悬挂在窗帘杆上，把前边一层布合成一股，打个松结。

 30 分钟

你需要准备
- 窗帘杆及其配件
- 打孔机
- 比窗户稍宽的薄布
- 卷尺
- 剪刀
- 自粘遮护胶带

妙点子长廊

对生活充满热情

用明亮的橘色让你的厨房振奋起来,并用一缕地中海式的阳光照亮生活中最沉闷的时刻。把酸橙、柠檬和柑橘的色彩结合在一起,为你的厨房带来更旺盛的生命力和十分温馨的感觉。

▼ 色彩和谐的餐具、桌布、餐巾和餐垫将使每次进餐都十分愉快。

▲ 当你的微波炉、锅、烤箱和其他一些小电器可以成为你的色彩设计的一部分时,为什么一定要抓着令人厌倦的白色不放呢?

▲ 用美工刀从柔软的塑胶上切下餐垫,并刻上客人姓名或送给他们的话语,或者是聚会的主题。

▲ 采用了大量橘色的餐具彼此协调，使每顿饭都变得很特别。为餐巾、桌布和餐具挑选独特的色调。

▲ 挖空柠檬，把一根蜡烛熔化在盘子里，然后把热蜡灌进挖空的柠檬里。等热蜡开始凝固时，插上一根灯芯。

▲ 嫩黄色椅子和令人愉快的非洲菊可以使这张小小的早餐桌成为厨房中一个充满阳光的角落。

妙点子长廊

彩虹般美丽的色彩

有许多不同和快捷的方法可以为你的厨房带来色彩，而无需为墙壁重新刷涂料或换掉所有橱柜或家具组合。下面就是一些可以为你的厨房增添一丝色彩情趣的方法。

▼ 结实的帆布购物袋在厨房里可以发挥很多用处，可以用它们回收废报纸，装蔬菜和瓶子，甚至可以用于购物。

▲ 如果为你的碗和食物器皿涂上彩色的冰糕颜色，那么即使是日常餐具也会变得富有生趣。

▲ 挑选泥土色作为餐具的主题色，而不是和蜡笔一样的花哨或鲜艳的颜色。

▲ 把同色刀具组裹在漂亮的彩色餐巾里,把所有裹好的刀具组装进一个篮子里,这是一种装饰餐桌的非正式方法。

▲ 搜寻箱子、碗和袋子,让厨房中的一切都活跃起来。挑选颜色不同但色调相同的物品,这样它们在一起看起来总是很和谐。

▲ 找一节横杆,刷上涂料,就成为一节挂杆。在挂杆上加一些S形钩子,给厨房用具系上彩带,就可以挂起来了。

✓ 效果欣赏

让它们的颜色鲜亮起来

海绿色橱柜与鲜红色和金黄色家具形成了鲜明的对照。

裸露的砖墙是这间厨房的起点,受它的启发,采用了砖红色地板和橙红色平底锅。美丽的蓝绿色很好地平衡了热情奔放的红色,而椅子、鲜花和诸如茶巾等小东西则向厨房注入了令人惊讶的金黄色彩,使其变得生动起来,效果达到了极至。

对粗糙的砖墙和进餐区裸露的地板来说,台面自然要选择木质的。尽管条状松木地板看起来很棒,但它们对烹饪区来说并不实用,除非密封得很好。在最容易溅水和油的区域,要选用乙烯基、油毡或橡胶地板。

像绿色塑料笞帚和欢快的条形桌布等装饰设计为这间厨房带来了一种怀旧的情节。

其他一切都采用了不锈钢或铬合金,保持着一种单一性。

> **还可以有哪些改进?**
> - 山毛榉木椅子
> - 为墙壁刷上白灰水
> - 醒目的黄色家具组合
> - 山毛榉木软百叶窗

▲ 甚至是水果和蔬菜都可以变成你厨房景观的一部分。用甜椒或柠檬碗来增添色彩实在是好极了。

▲ 风趣和非正式的多色桌布使厨房外观变得更加生动。

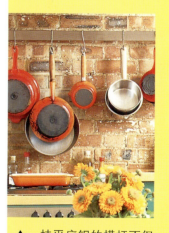

▲ 挂平底锅的横杆不仅释放了橱柜空间,而且让您有机会展示色彩艳丽的搪瓷平底锅。

五彩缤纷的厨房

✅ 效果欣赏

毛茛与薄荷

对一间能让你精神抖擞的厨房来说，灿烂的黄色墙壁是关键。

浅淡色的家具组合可以为许多不同的外观设计打下好基础。在这间厨房里，家具组合背后的墙壁涂成了明亮而鲜艳的黄色，使厨房充满了阳光。由深红色、黄色和绿色瓷砖构成的防溅板成为厨房中一个特色鲜明的角落。像这样把瓷砖以对角线方式排列起来，而不是成排摆放，可以让人错误地感觉到有限的空间变大了。参照这些浓郁的颜色，为你的台面、地板和电器选择与背景色搭配而互不冲突的色彩。

在小型厨房中，设法创造出更多储物空间，例如调料架、挂在墙上的炊具挂杆和悬在台面上方的挂架。黑板、调料架、烤箱和老式调味品使厨房看起来更亲切。

还可以有哪些改进？

- 浅绿色、青绿色或蓝色瓷砖
- 花岗石台面
- 不锈钢电器
- 奶油色家具

▲ 用挂架把小型厨房的空间用到极限，用绳索轮吊起和放下的那种最理想了，如同一种老式的晾干架。

▲ 如果你的窗户不需要用帘子来遮挡，那么可以让窗户空着，把阳光放进来。

▲ 改变橱柜把手可以重塑整个房间的风格。

五彩缤纷的厨房

效果欣赏

▲ 在各种不同的厨房里，涂漆家具会带来最好的效果。当你想换新面孔的时候，只需为它们换上一种不同颜色的涂料。这样可以确保你的厨房永远不会变得令人厌倦。

▲ 配件一定要保持相同的颜色格调，否则会影响效果。

▲ 在小厨房里，尽量采用嵌入式家电。独立式电器会打破家具的线条，使房间看起来不仅零碎而且狭小。

效果逼真的厨房

缺少什么景观而且空间不足？你千万不能忽视那些可以打破传统的色彩。

在一个狭小空间里，明亮的色彩可以产生诱人的效果。然而，这间厨房向我们证明，颠覆传统智慧，为空间填充饱满的深颜色也可以产生极好的效果。这么做之所以能出效果是因为家具和墙壁上的涂料被涂成了长而宽的条状。

把地板和橱柜涂成相同的深靛青色，可以为厨房的下半截创造出丰富的颜色，白色防溅板构成了视觉上的断裂，和上边的紫红色形成了鲜明的对比。房间四处有限的黄色点缀将你的目光从水槽引向墙角，再引向家具表面，使人觉得房间变大了。闪烁着金属光泽的水槽、炉具和锅构成了厨房里的亮点。

还可以有哪些改进？

- 白色地板
- 柠檬绿点缀
- 用银白色瓷砖贴成的防溅板
- 白色薄板台面

Shaker 风格

对于 Shaker 风格，风格与功能之间没有区别——每处装饰设计都有其目的。我们以前把厨房面貌变得更顺应现代家居，而 Shaker 厨房在本质上仍然保持着简约和功能性。Shaker 厨房的主要风格元素是带边框的涂漆柜门、球形柜门捏手、木质台面和实用的瓷砖地板。不应该过分装饰罐子、盘子、桌子和椅子，反而应该减少对它们的设计。Shaker 装饰发明了一些精巧的储物方法，例如把厨房椅子挂在木销挂杆上，免得挡路。在 Shaker 厨房中，你可以运用几乎任何颜色，只要不是最接近真实的外观就行。要选择淡绿、淡蓝、赤褐色、黄褐色和奶油色。把现代电器和材料的舒适和便利与你最喜欢的 Shaker 风格设计融合和搭配起来，创造出一间集世间精华于一身的厨房。

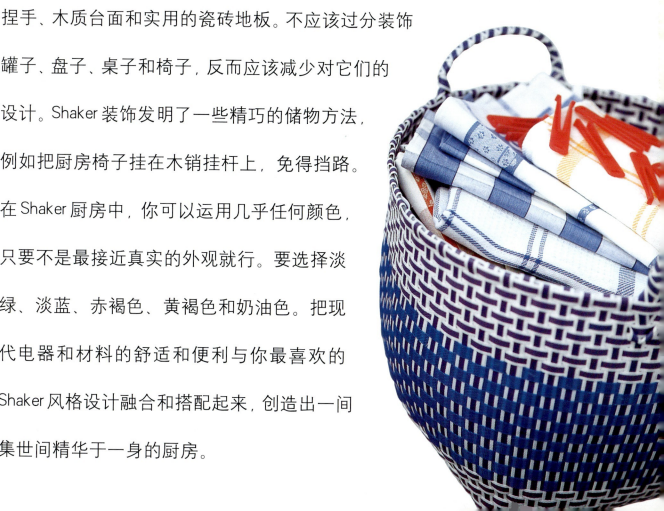

一日之举

带木纹的木销挂杆

木销挂杆也许是惟一最容易辨认出来的Shaker设计元素。从储物到悬挂简单而效果极佳的展示品,它的用途是那么多,而且装在几乎任何地方都行。这种木纹效果使其看起来更具有真实感。

1 小时
外加干燥时间

你需要准备
- 木销挂杆
- 奶油色乳化液
- 暗蓝灰色乳化液
- 融合釉
- 木纹工具

1 为挂杆刷一层奶油色底漆,等待风干。

2 以1:3的比例将融合釉和暗蓝灰色乳化液混合,刷在底漆上。

3 当上面一层乳化液尚未风干时,用锯齿状木纹工具顺着横杆表面描一遍,描的时候要轻轻地来回摇动,以产生木纹效果。最后,等待风干。

具有民间艺术风格的椅子

1天

你需要准备
- 黄色、铁锈色和蓝色木材涂料
- 大号和小号漆刷
- 卷尺
- 铅笔
- 致密泡沫材料
- 直尺
- 美工刀
- 切削垫板
- 盛木材涂料的盘子

1 为椅子刷一层黄色的木材涂料，待风干后测量椅子的靠背，把测得的长度分成等长的4段，算出菱形尺寸。用美工刀从泡沫材料上剪下一个菱形，把菱形泡沫材料在铁锈色木材涂料中浸一下，然后把菱形印花压在椅子上。这样重复几次后，就形成了一连串的菱形图案。

2 接着，把菱形泡沫材料剪成两半，变成两个三角形。把三角形材料在木涂料中浸透后，在椅子边缘上压印三角形装饰图案。

3 在盘子里倒入一些蓝色木材涂料，用小号漆刷在菱形图案之间的三角形区域内描上圆点。

一日之举

企口面板

Shaker 房间一般是用面板装修起来的，在你厨房的全部或部分墙壁上安装企口面板，这样既实用又漂亮。面板要与窗台或护墙板齐高。

1 天

你需要准备
- 25mm 软木板条
- 卷尺
- 铅笔
- 水平仪
- 打孔机
- 墙塞
- 5cm 的螺钉
- 螺钉旋具
- 企口板
- 锯
- 锤子
- 25cm 板钉
- 压钉机
- 木材填孔剂
- 砂纸
- 模板或木销挂杆

1 把板条压在墙壁上，顺着板条每隔 40cm 打一个标记以记录其位置，用水平仪检查它们是否水平。在板条上每隔 30cm 钻一个孔，并把板条按在刚才记录的位置上，根据小孔的位置在墙上作标记，在标记上钻孔并插上墙塞，用螺钉把板条钉在墙上。

标记，按照测量结果切下木板。把第一块木板固定在墙上，凹槽要放在左边。检查木板是否垂直。

2 测量并作好安装木板的

3 用板钉把木板钉在板条上。

4 顺着墙壁滑动第二块木板，直到与第一块木板接壤。用木材下脚料把木板边缘保护起来，用锤子轻轻地敲打使其入位，然后用钉子固定住。以同样的方法，将所有木板安装在墙上。

5 用压钉机把钉子头压进木板表面，用填料填上钉孔并用砂纸擦光滑。沿着木板上缘固定一根模板或木销挂杆。

Shaker 风格的柜门

1 把柜门从橱柜上卸下来，放平后用砂纸擦净。测量柜门的高度，按照测得的尺寸，切下两段 MDF 作为框架的竖框，为其涂上胶水，粘好并钉在柜门上，然后放着风干。

2 测量竖框间的宽度，按照测得尺寸，切下两片 MDF。涂上胶水并钉好，然后放着风干。

3 用压钉机把钉子头压进木板表面，用填料填盖钉孔，再用砂纸摩擦光滑。为整个门板刷上蛋壳色涂料，待风干后装上锡锑合金捏手。

3 小时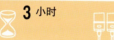

你需要准备
- 砂纸
- 卷尺
- 铅笔
- 5cm 宽、8mm 厚的 MDF
- 手锯
- 强力木胶
- 板钉
- 压钉机
- 木材填孔剂
- 蛋壳色涂料
- 锡锑合金门把捏手

快速制作

清爽的蓝色和白色

洗衣篮衬里

- 把布上下对半折起来,并把合在一起的两个边缝起来,缝纫位置在离上沿5cm以内。把布袋上沿向外折叠,并沿上沿缝一圈,形成的管状结构是用来穿细绳的。一边不要缝,留个口用来插细绳。把整个布袋翻过来,顺着缝好的管状结构穿上细绳并在细绳的两端打上结。最后,把衬里放进洗衣篮。

1 小时

你需要准备
- 被单或棉花布
- 缝纫机或针线
- 白色细绳
- 剪刀

早餐蛋杯上的方格图案

- 用砂纸把蛋杯上的清漆全部擦干净,刷上白色乳化液,待风干后用蓝色乳化漆刷上水平条带,风干后再刷上竖直条带,最后刷一层清漆。

30 分钟 外加干燥时间

你需要准备
- 木制蛋杯
- 砂纸
- 漆刷
- 白色乳化液
- 蓝色乳化液
- 无光泽丙烯酸清漆

用咖啡色玻璃纱布做成的窗帘

- 对照窗户高度,在玻璃纱布上作标记,按照标记高度把网竿固定好。在网竿上每隔3-4cm挂一个夹子,最后把玻璃纱布连在夹子上。

10 分钟

你需要准备
- 两块玻璃纱布或茶巾
- 铅笔
- 网竿
- 窗帘夹子
- 卷尺

茶巾垫套

- 先把茶巾清洗、晾干并熨平,然后将其朝上铺平,把一个窄边折到布的中间位置,将对着的那个窄边也折起来,盖住第一个窄边2cm,用别针把这两个边别在一起并缝上。去掉别针,把茶巾的正面翻出来并压住,按一般间距在茶巾开口处的内侧缝上按扣(揿扣),然后在茶巾外面缝上装饰纽扣。最后,从开口处插进软衬垫。

30 分钟

你需要准备
- 茶巾或玻璃纱布
- 别针
- 缝纫机
- 针线
- 3枚按扣
- 3枚珠母扣
- 30cm × 40cm 的衬垫

◐ 快速制作

Shaker 风格的装饰图案

布满钉子的心形丝网

• 把橱柜门拆下来,放在一块平面上。把模板纸放在金属丝网上,戴上手套,剪下一块心形的丝网,剪的时候要抚平所有的尖棱。把心形丝网贴在柜门上,用锤子在最上方和最下方两点钉上平头钉,将丝网固定住。在心形丝网的一圈上全钉上平头钉,钉子间隔要均匀。在柜门四周钉上更多的平头钉作为装饰。

 1 小时

你需要准备
- 心形模板纸
- 细针金属丝网
- 厚手套
- 剪钳
- 平头钉
- 锤子

可爱的熏衣草香包

• 剪下一块心形模板纸。找一块零头布料,将其从中间折成双层。把模板纸别在布料上,剪下两片心形布。把这两块心形布料的正面相对别在一起,并将边缘缝起来,留下一道4cm长的开口。缝好边缘后,把香包的正面翻出来,在上面连一些用不同布料做成的小方块,以形成对比效果。装入熏衣草,在开口处打上跳针,然后缝上麻线就可以挂起来了。

15 分钟

你需要准备
- 纸
- 剪刀
- 零碎布料
- 别针
- 针线
- 干熏衣草
- 麻线

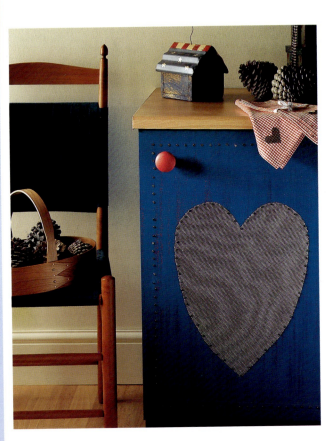

厨房餐桌的修饰

- 测量桌子的边长,并按照测得的尺寸剪下窗帘盒。为窗帘盒上底漆并刷头道漆。待彻底风干后,沿桌子边缘钉上窗帘盒。用压钉机把钉子头压入表面以下,并填上填缝料。为翻新的桌子表面刷两层油基涂料,要等第一层风干后,才能刷第二层。

2 小时 外加干燥时间

你需要准备
- 桌子
- 卷尺
- 铅笔
- 成形 MDF 窗帘盒
- 锯
- MDF 底漆
- 白色头道漆
- 漆刷
- 平头钉
- 锤子
- 压钉机
- 木材填孔剂
- 白色油基涂料

在瓷砖上转印方格花纹

- 用浸过石油溶剂油的软布把瓷砖清洗干净。我们的目标是制作一条布满方格花纹的饰带,宽度为3块瓷砖,你可以在中间一排瓷砖上插入一副图案。揭掉瓷砖转印膜的面层,平贴在瓷砖上并去掉背衬。按照以上步骤,为整个防溅板转印方格花纹。

20 分钟

你需要准备
- 石油溶剂油
- 软布
- 瓷砖转印膜

Shaker 风格

妙点子长廊

Shaker 风格的装饰图案

方格和心形是最流行的Shaker图案，从布料和金属器皿到木雕家具和篮子，它们可以出现在任何东西上。

▲ 简单的木销挂杆是悬挂日常用具的好地方，像小刷子、茶巾和挂袋等等。为它们系上一些条纹饰带可以使看起来普普通通的东西变得漂亮起来。

▼ 在厨房台面旁边的墙上安装一个带心形饰物的纸架。倘若您找不到这样的纸架，那么用金属丝衣架做一个，并喷上黑漆。

▲ 从百货商店购买并安装一套整洁的罗马式窗帘。清爽的方格图案使厨房看起来十分简洁和温馨。

▲ 使用与厨房色调搭配的手工编织的篮子来储存桌布和茶巾，这样看起来十分漂亮，它们为你的厨房节省了更多的橱柜空间，并使你更容易拿到桌布。

▲ 铝罐用来装洗衣粉、洗衣液和肥皂是最理想的。它们看起来比袋子更精巧，并能使一切保持干爽。用蜡纸刷轻轻地涂上字母蜡印和陶瓷涂料，为它们制作标签。

▲ 为柳条或藤条篮子的把手和边缘缠上布带，从衣夹到面包或餐具，它们可以用来装几乎任何东西。

妙点子长廊

使装饰细节变得实用起来

从苗木罐到洗衣篮，以提高家庭生活效率为目的的Shaker装饰，尤其以其整洁的储物方法和诸多小巧而实用的设计而著称。

▲ 为用途不同的橱柜刷上颜色互补的涂料。这幅图中的储物家具拥有柔和的绿色，而"中间岛"上搁盘子和炊具的大抽屉则呈现出灰白色。

▼ 真正的Shaker桦木箱可能太昂贵，选择价格适当的小桦木箱，在里面装一些栽了乡村花园花草的罐子，这样可以为你的厨房增添亮丽的风景。

▲ 在每个搪瓷杯子里栽一株球茎植物，为你的厨房带来真正的春色。球茎植物的球根要半露在堆肥外，上面种一些苔藓作为装饰。浇水要少一些，只要保持土壤湿润就行了。

▲ 如果你的厨房安装了木质台面，要让装配工把边角料留给你。端面呈晶粒状的台面是做剁肉板的好材料。一定要像图中的台面一样，经常为你的台面上油，使其保持良好的状态。

▲ 开口包装中的谷类食品很快会发软变坏，把它们移入精美的玻璃罐中，并用盖子密封好，这样看起来很诱人，完全可以用来作展示。

▲ 在你的脏衣服越来越多时，为它们分类，这样可以使你的洗衣工作变得更容易。用不同的篮子分装带颜色的、白色的和易磨损的衣服，这样就可以直接把它们扔进洗衣机洗涤并拿出来晾晒。

✅ 效果欣赏

以花园为主题的厨房

用经典的奶油色家具和印有小树枝图案的布料，加上以水果、鲜花和蔬菜为代表的花园主题，创造出一间漂亮得无法抗拒的厨房。

这间阳光灿烂的厨房拥有奶油色组合家具，是整个房间设计的基点，新鲜的花朵和蔬菜印花激发了将室外物品引入室内的灵感。这种花园主题在上层墙壁的接壤处、蛇麻草、鲜花和微缩人造鸟巢上得到延伸。

为了防止溅上污渍，为企口面板刷上清漆，它们对厨房墙壁来说是很棒的想法，并且有着恰当的手工感。用水稀释白色乳化液并将其当作木材涂料刷在企口板上，然后刷上透明、光亮的清漆。

现代化电器可能难于融入这种风格，然而这间厨房用一道帘子把洗衣机整齐地遮了起来。

还可以有哪些改进？

- 淡绿色厨房组合家具
- 陶瓷地板砖
- 方格花布
- 罗马风格的窗帘

▲ 在旧货店搜寻这样一张旧桌子和几把椅子，将它们擦净并刷上与厨房相配的涂料。

▲ 将花园的花草引入厨房，可以极大地改善厨房风景。这种蛇麻草藤既便宜又耐用。

▲ 简单而实用的工具，例如这种木制干燥架，正是这种风格的厨房所青睐的。

Shaker 风格

☑ 效果欣赏

为 Shaker 风格带来现代色彩

将简洁的 Shaker 风格和现代装饰混合起来。

改善 Shaker 风格的外观并不难，因为它的简洁性使其成为整齐的现代线条的天生搭档。尽管这间厨房的现代风格十分明显，但从带框柜门和木质台面上仍可以看出它是从 Shaker 传统风格发展而来的。高科技不锈钢炉具和抽油烟机罩显得引人注目，现代金属把手代替了传统的圆形木制捏手。白色的地板砖让人觉得房间既干净又明亮，而地板以相互错开的"砌砖风格"排列，形成了不那么正式的效果。

如果空间够用，即使是小一点儿的"中心岛"对厨房来说也是价值连城。小岛的台面一定要比底座宽最少 15cm。你可以把它当作早餐吧，也可以当作方便的烹饪准备平台。橱柜下面、多余的大罐子和半空的挂架都可使储物空间得到最大化——Shaker 风格住宅的一个要素。

还可以有哪些改进？

- 石头色墙壁
- 山毛榉木层压地板
- 鸭蛋蓝组合家具
- 圆形木制把手

▲ 刻有条纹的玻璃面板与厨房其他地方带长条凹槽的柜门遥相呼应。

▲ 厨房里很快会积累一些零星的小物品，工艺精美的传统 Shaker 箱子是用来隐藏这些小东西的好地方。

▲ 这把厨房板凳的风格无疑属于 21 世纪，但它与房间里其他地方的风格很搭配。

效果欣赏

▲ 陶瓷地板砖的粗糙边缘是故意磕出来的，形成一种长年累月的外观，它比尖锐的方块地板砖更适合这间厨房。

▲ 柳条与这间厨房里的其他天然材料很搭配，这些篮子为蔬菜提供了宽敞而通风的储藏空间。

▲ 这套照明设备决不属于 Shaker 风格，但其非常实用的设计和低调的样式却紧扣 Shaker 原理。

天然点缀

把土绿色、褐色和黄色混杂起来，创造一个祥和、放松的厨房。

Shaker 厨房与天然材料和自然颜色——奶油色镶板家具、木质台面和瓷砖地板——搭配起来效果十分漂亮。奶油色墙壁增加了空间感，而瓷砖防溅板为厨房增添了美丽的苔藓、地衣、奶油和黄油色彩。

"中央岛"上装了一个较深的水槽，配有鹅颈形水龙头和宽敞的台面。厨房其他地方的台面用层压板制成，带有花岗岩外观，形成了有趣的对比。远处靠墙放置的独立式工作台安装了炊具挂杆、调料架、刀架，还有制备空间，再加上可以随意移动，简直太实用了。这间厨房没有尽力把电器——一些是白色的，一些是不锈钢的——掩饰起来，但一切看上去都与这间轻松而惹人喜爱的厨房很合拍。

还可以有哪些改进？

- 蓝色瓷砖
- 奶油色橱柜
- 石板色地板
- 淡绿色墙壁

索 引

A
aluminium 25, 117
appliances 76, 96, 104

B
bags 28, 98
baking equipment 55
baskets
  country-style larder 38
  egg baskets 75
  laundry baskets 112, 119
  Shaker style 117, 123
  storing fruit and
    vegetables 53, 71
batik tablecloth 90
beech-effect units 15
birch boxes 118
black and white pictures 18
blackboard paint 89, 95
blinds
  ribbon detail blind 40
  Roman blinds 22, 116
  sunshine blind 92
blues
  colourful kitchen 104–5
  country kitchen 58–9
  fresh and modern kitchen 30–1
border, Mexican 85
box shelf 21
boxes
  display boxes 67, 68
  Shaker 118, 123
brass handles 57
bread bins 75
breakfast areas 14, 97
bulb pots 118
butcher's blocks 31, 124
butcher's hooks 24, 27, 99
butler sinks 34, 59
butler trays 52

C
café curtains 113
candles 72, 97
canisters, aluminium 117
cereal jars 119
chairs 57, 79, 109
chequered floor 46
chicken wire doors 41
chopping boards 76, 119
chrome, contemporary
  style 79
cinnamon stick picture
  frame 50
coasters 55
colour 10
  colourful kitchens 9, 82–105
  monochrome schemes 32–3
  Shaker style 107, 118
cooker hoods 79
cookers
  range-style 57, 79
  stainless steel 34, 76
cork
  notice board 45
  place settings 73
cottage kitchens 60–1
country kitchens 9, 36–61
crackle-glazed doors 51
crockery
  colour-coordinated 97
  contemporary style 72, 73
  country kitchens 54
  painting 19
  storage 27
cup hooks 21, 53
cupboards
  beech-effect units 15
  concealing curtain 94
  country-style larder 38
  dressers 57
  Mexican border 85
  painting 39, 104
  planning 7
  sideboards 74
  spice cupboards 25
  see also doors
curtains
  concealing curtain 94
  glass cloth café curtains 113
  sheer curtain 95
cushion covers 113
cutlery
  colour-coordinated 96, 97
  table settings 28
  wrapped sets 99

D
dishwashers 76, 81
display boxes 67, 68
doors
  beech-effect units 15
  blackboard 95
  chicken wire 41
  contemporary style 65
  country kitchens 57
  crackle-glazed 51
  french doors 59
  'laid-on' 31
  metallic squares 87
  quick kitchen revamp 66
  retro style 94
  Shaker style 111
  stencilled 60
  studded hearts 114
  vegetable motifs 43
  wood-grained 46
downlighters 81
drainers 24, 52, 81, 121
drawer unit 51
dressers 57
drills, electric 11
drinks cans 29

E
earth colours 98
egg baskets 75
eggcups 112
electric drills 11
emulsion paint 11
etching glass 68

F
felt squares 91
floors
  chequered floor 46
  galvanized steel tiles 77
  stripped pine 101
  terracotta tiles 57, 124
flowers 59
folk art chairs 109
food, country-style larder 38
french doors 59
fridge magnets 93
fridges 76, 81, 84
frosted glass 20, 29
fruit 53, 101
fruit motifs 48, 49, 120–1

G
galvanized steel floor tiles 77
gilded pots 71
gingham tile transfers 115
glass
  display boxes 68
  doors 59
  etching 68
  frosted 20, 29
  splashback 69
  tables 79
glass cloth café curtains 113
graining 46, 108
granite worksurfaces 34, 76
greens
  colourful kitchens 100–1
  country kitchen 60–1

H
handles 57, 66, 103
hanging racks 103
hanging rails 24, 99
heart motifs 114
herbs 59, 92
hooks, cup 21
hop bines 121

I
ironing organizer 26
island worksurfaces 123, 124

J
jars 28
  cereal jars 119
  frosted glass 20
  fruit preserve jars 48
  raffia-covered 54
jotting board, slate 50

K
kettles 55
kitchen roll holders 116
knotting solution 11

L
larder, country-style 38
laundry baskets 112, 119
lavender bags 114
leaf motifs
  faux splashback 44
  stamped tablecloth 18

tiles 19, 49
leather chairs 79
lemon candles 97
lighting 81, 123
loft style 78–9

M
magnets, fridge 93
mats 96
MDF (medium-density fibreboard) 11
memo boards 20, 45, 89
metallic squares 87
Mexican border 85
microwaves 79, 81, 96
modern kitchens
   fresh and modern 12–35
   Shaker style 122–3
   sleek and chic 62–81
monochrome colour schemes 32–3
mosaic tiles 66, 91
mugs 77, 118

N
napkins 29, 96, 97, 99
notice boards 20, 45, 89, 91

O
oil-based paint 11
oilcloth table cover 47
oriental style 72

P
painting
   chequered floor 46
   crackle-glazed doors 51
   folk art chairs 109
   fridges 84
   kitchen units 39
   quick kitchen revamp 66
   sponging 43
   tableware 19
   walls 23
   wood-graining 46, 108
paints 11
pan rails 101
pan stackers 74
panel saws 11
panelling, tongue and groove 110–11, 121
paper-covered shelves 47
peg board 23
peg rails 108, 116
Perspex, recipe splashback 93

pewter 57
pictures
   black and white 18
   cinnamon stick frame 50
   framed fruit 49
   picture wall 90
pinboards 45, 91
pine 11, 101
place names 73
placemats 96
planning 7–8
plate racks 52
pots
   gilded 71
   rustic windowsill 48
   storage 74
primer 11
purples, contemporary style 80–1

R
racks
   cup holders 53
   drainers 24, 52, 81, 121
   hanging racks 103
   metallic hanging grid 70
   open shelving 75
   plate racks 52
   wall racks 27
raffia storage jars 54
range-style cookers 57, 79
recipe splashback 93
reds, colourful kitchens 100–1, 104–5
retro style doors 94
ribbon detail blind 40
Roman blinds 22, 116
rubbish bins 25
runners, table 22, 73

S
saws 11
scales 54
screws, wallplugs 11
Shaker style 9, 106–25
sheer curtain 95
shelves 26, 27
   box shelf 21
   country kitchen 57
   instant block shelf 69
   open shelving 75, 86–7
   paper-covered 47
   stepped shelves 64
sideboards 74
silver mosaic tiles 66
sinks 33, 34, 59
slate jotting board 50

sleek and chic kitchen 9, 62–81
small kitchens 80–1, 104–5
space savers 26–7
spice cupboards 25
splashbacks
   faux splashback 44
   glass 69
   mosaic 91
   recipe 93
   tiled 16–17, 103
sponging 43, 109
spray paints 84, 87
stamping, faux splashback 44
steel
   accessories 76–7
   appliances 76
   cookers 34
   galvanized floor tiles 77
   sinks 33
stencilling 60
stepped shelves 64
stools 74, 123
sunshine blind 92

T
table runners 22, 73
table settings 28, 29, 72–3
tablecloths 101
   batik 90
   leaf-stamped 18
   oilcloth table cover 47
tables
   folding 26
   glass 79
   mobile breakfast bar 14
   pelmet trim 115
   workstations 17, 42
tea towels
   café curtains 113
   cushion covers 113
   Roman blind 22
   storing 117
   table runner 22
tenon saws 11
terracotta floors 57, 124
tiles
   antique 60
   coasters 55
   gingham transfers 115
   leaf motifs 19, 49
   silver mosaic tiles 66
   splashbacks 16–17, 91, 103
   terracotta 57, 124
   worksurfaces 88
tin cans
   candle holders 72

herb planters 92
toasters 81, 96
tongue and groove panelling 110–11, 121
tools 11
trays 52, 53
trolleys 17

U
undercoat 11
utensils 77, 99

V
varnish 11
vegetables 101
   motifs 43, 120–1
   storage 53, 71
Victorian-style kitchens 58–9
vinyl wallpaper 70

W
wall racks 27
wallpaper 70
wallplugs 11
walls
   painting 23
   panelling 110–11, 121
   picture wall 90
washing machines 76, 121
wicker baskets 53, 117, 123
windows 103
   see also blinds; curtains
Windsor chairs 57
wire mesh doors 41, 114
wood
   country kitchens 52
   sealing knots 11
   tongue and groove panelling 110–11, 121
   undercoat 11
   varnish 11
   worksurfaces 34, 60, 81, 101
wood-graining 46, 108
woodstrip memo board 20
workbenches 11
workstations 17, 42
worksurfaces
   granite 34, 76
   island 123, 124
   tiled 88
   wood 34, 60, 81, 101

Y
yellows, 96–7, 100–5

《您的家——巧装巧饰设计丛书》包括：

● 《厨房设计的100个亮点》
　[英] 休·罗斯 著　郭志锋 译

● 《色彩设计的100个亮点》
　[英] 休·罗斯 著　侯兆铭 译

● 《浴室设计的100个亮点》
　[英] 塔姆辛·韦斯顿 著　芦笑梅 译

● 《布艺陈设设计的100个亮点》
　[英] 塔姆辛·韦斯顿 著　吴纯 译